バイオテクノロジー入門

高畑京也・蔡　晃植・齊藤　修
編著

今村　綾・宇佐美昭二・尾山　廣・数岡孝幸・河内浩行
佐々壽浩・髙村岳樹・田中直子・永井信夫・仲亀誠司
中村肇伸・德田宏晴・殿山泰弘・濱田博喜・室伏　誠・若生　豊
共著

建帛社
KENPAKUSHA

まえがき

　20世紀半ば以降急速に発展してきた生命科学は，基礎的・学問的分野の進展のみでなく，新しいバイオサイエンス技術として食品，医療，健康，エネルギー，環境等の幅広い産業分野に多大なる変化をもたらしてきている。更に，バイオサイエンスの進展には，現代社会が抱える種々の問題の解決や新市場の創成が大いに期待されている。

　このような進展と期待に呼応して，基礎教養課程における「バイオテクノロジー概論」や「バイオテクノロジー入門」の科目を創設している大学や短大等の教育機関が増加している。

　バイオサイエンスは農学，理学，医学，工学，薬学等に関与する幅広い学際分野であり，また対象とする分野も食品，微生物，植物，動物と様々である。これらの分野に関わる研究者向けや一般社人用啓発書は多数刊行されてきている。しかし，研究者向け専門書は対象が限定され，内容や用語も高度である。また，一般社会人向け啓発書はバイオサイエンス技術を用いた成功例等の話題提供に重きがおかれ，基礎教育用としては適していない。残念ながら教科書として使用し得る適切な本は少ないのが現状である。

　そこで，新しい進展・分野を盛り込んだ新視点の教科書「バイオテクノロジー入門」の刊行を目的として，「バイオテクノロジー」の基礎教育に関わっておられる新進気鋭の先生方やベテランの先生方に執筆をお願いし，本書を新たにまとめあげた。

　まず，バイオテクノロジー発展の背景及び基本的な技術の概論から述べる。ついで，微生物利用，酵素利用並びに遺伝子工学技術利用の観点からバイオテクノロジーの発展に寄与した技術について述べている。続いて，植物，動物，環境，食品機能，食環境並びに医療分野におけるバイオテクノロジー応用の現状について各論的に述べられている。また，最後に今後ますます発展が期待される再生医療について現状と展望を取り上げている。

　本書がバイオテクノロジーを学ぶ学生諸氏に少しでも役立つならば，編者・著者一同にとってこれ以上の喜びはない。

2016年4月

編者・著者を代表して

高 畑 京 也

目　　次

第1章　バイオテクノロジーの背景　　　1〜8

1. バイオテクノロジーとは ……………………………………………………… 1
2. 生物と無生物 …………………………………………………………………… 2
   (1) 生命誕生の謎　2
   (2) 生命誕生に必要な物質　2
   (3) 生命誕生に必要な条件　3
3. 遺伝学と遺伝子 ………………………………………………………………… 4
   (1) 遺伝学のはじまり　4
   (2) 遺伝子とDNA　5
4. 遺伝子組換え …………………………………………………………………… 6
   (1) 遺伝子組換え技術の開発と活用　6
   (2) 遺伝子組換え技術の様々な進展　6
5. バイオテクノロジーの学問体系 ……………………………………………… 7
6. バイオテクノロジーにおける技術革新 ……………………………………… 7

第2章　微生物の利用　　　9〜28

1. 微生物の種類とその性質 ……………………………………………………… 9
   (1) カビ（糸状菌）　9
   (2) 酵　母　11
   (3) バクテリア（細菌）　12
   (4) 放線菌　15
   (5) ウイルス　15
2. 微生物の生育と環境条件 ……………………………………………………… 16
   (1) 微生物の生育に影響をおよぼす環境因子　16
   (2) 微生物の栄養　18
3. 醸造や発酵食品製造における微生物の利用 ………………………………… 19
   (1) 清　酒　19
   (2) ビール　19
   (3) ワイン　20
   (4) パ　ン　20

　　　　　　(5)　み　そ　20
　　　　　　(6)　しょうゆ　21
　　　　　　(7)　納　豆　21
　　　　　　(8)　漬　物　21
　　　　　　(9)　かつお節　22
　　　　　(10)　ヨーグルト　22
　　　　　(11)　チーズ　22
　　　4. 微生物による各種有用物質の生産 ………………………………………………… 23
　　　　　　(1)　有機酸発酵　23
　　　　　　(2)　アミノ酸発酵　25
　　　　　　(3)　核酸発酵　27
　　　　　　(4)　抗生物質生産　27
　　　　　　(5)　酵素生産　28
　　　　　　(6)　その他　28

第3章　酵素の利用　　　　　　　　　　　　　　29〜46

　　　1. 酵素とは ………………………………………………………………………………… 29
　　　　　　(1)　たんぱく質の構造と機能　29
　　　　　　(2)　酵素の性質　30
　　　　　　(3)　酵素の種類と分類　32
　　　2. 酵素の生産と利用技術 ………………………………………………………………… 32
　　　　　　(1)　酵素のスクリーニング　34
　　　　　　(2)　酵素の機能改変　35
　　　　　　(3)　酵素の生産　37
　　　　　　(4)　酵素の精製　39
　　　　　　(5)　酵素の利用技術　40
　　　3. 酵素の利用 ……………………………………………………………………………… 42
　　　　　　(1)　でん粉加工用酵素　42
　　　　　　(2)　洗剤用酵素　45

第4章　遺伝子工学技術への利用　　　　　　　47〜66

　　　1. ゲノムとは ……………………………………………………………………………… 47
　　　　　　(1)　ゲノムDNAの構造　48
　　　　　　(2)　遺伝子の構造　48
　　　　　　(3)　遺伝子の分断構造　49
　　　　　　(4)　真核生物に見られる繰り返しDNA配列　49

(5)　1塩基多型（SNP）　49
　　　(6)　遺伝子の高次構造　50
　　　(7)　ヒトゲノム研究計画（HGP）　50
　2．クローニング技術 ··· 51
　　　(1)　遺伝子のクローニングの5つのステップ　51
　　　(2)　制限酵素　52
　　　(3)　遺伝子クローニングに使われるベクター　52
　　　(4)　選択マーカー　54
　　　(5)　目的遺伝子の獲得法　54
　　　(6)　PCR産物のプラスミドへの挿入　56
　　　(7)　宿主細胞への遺伝子導入　57
　　　(8)　標的遺伝子の選別と同定　57
　　　(9)　新しい遺伝子クローニング技術　57
　3．遺伝子組換え技術 ··· 58
　　　(1)　培養細胞や生物への遺伝子導入　58
　　　(2)　レポーター遺伝子　59
　　　(3)　相同組換えを利用した遺伝子改変　60
　4．有用物質の生産 ··· 61
　　　(1)　生理機能のリアルタイムモニタリング　61
　　　(2)　カイコでのたんぱく質の大量生産　61
　　　(3)　バイオ医薬品　61
　　　(4)　強靭な繊維「QMONOS」の開発　62
　5．遺伝子組換えの応用事例 ··· 62
　　　(1)　遺伝子組換え植物　62
　　　(2)　遺伝子組換え微生物　64
　　　(3)　遺伝子組換え動物　65

第5章　植物のバイオテクノロジー　　67～90

　1．植物の組織培養技術 ··· 67
　　　(1)　茎頂培養法　70
　　　(2)　葯培養法　71
　　　(3)　胚培養法　72
　　　(4)　カルス培養法　74
　　　(5)　プロトプラスト培養法　74
　　　(6)　再分化　76
　2．植物の遺伝子組換え技術 ··· 77
　　　(1)　パーティクルガンを用いた遺伝子導入法　77

目　次

　　　（2）　ポリエチレングリコール（PEG）等を用いた遺伝子導入法　78
　　　（3）　エレクトロポレーションを用いた遺伝子導入法　79
　　　（4）　マイクロインジェクションを用いた遺伝子導入法　79
　　　（5）　アグロバクテリウムによる遺伝子導入法　79
　3．遺伝学的手法を用いた植物遺伝子解析法　82
　　　（1）　突然変異株の分離　82
　　　（2）　遺伝子マッピングによる変異遺伝子の同定　83
　4．新しい遺伝改変法と遺伝子組換え技術を利用した新品種の育成　84
　　　（1）　特定遺伝子の機能改変技術　84
　　　（2）　実用化されている遺伝子組換え植物　86

第6章　動物のバイオテクノロジー　　　91〜104

　1．様々な組換え技術と組換えマウスを用いた医療・病理への応用　91
　　　（1）　遺伝子組換え技術の変遷　91
　　　（2）　組換えマウスを用いた医学分野への応用　95
　2．家畜におけるバイオテクノロジー　95
　　　（1）　人工授精　97
　　　（2）　受精卵移植　97
　　　（3）　体外受精　97
　　　（4）　雌雄の産み分け　98
　　　（5）　受精卵クローンと体細胞クローン　98
　3．小型魚類を用いた遺伝子組換え技術の水産分野への応用　98
　4．RNA干渉とその応用　100
　　　（1）　RNA干渉法とは　100
　　　（2）　線虫・プラナリアでの網羅的RNA干渉　101
　　　（3）　哺乳類培養細胞でのRNA干渉　103

第7章　環境とバイオテクノロジー　　　105〜116

　1．水の浄化・環境修復　105
　　　（1）　水の浄化　105
　　　（2）　環境修復　107
　2．環境汚染物質のモニターリングと処理　108
　　　（1）　環境汚染とはなんだろう　108
　　　（2）　バイオモニターリングの有用性　108
　　　（3）　生物個体を用いるバイオモニターリング　109
　　　（4）　バイオテクノロジーの活用　109

(5) 今後の処理の問題　110
　3. バイオエネルギー··111
　　　(1) バイオエタノール　111
　　　(2) バイオディーゼル　113
　　　(3) バイオエネルギーにおける今後の課題　113
　4. バイオプラスチック···114
　　　(1) シュガープラットフォーム　114
　　　(2) 中間原料　114
　　　(3) ポリマーの製造　115
　　　(4) バイオプラスチックにおける今後の課題　116

第8章　食品機能とバイオテクノロジー　　117〜126

　1. 食品の機能性とは··117
　　　(1) 食品の三つの機能　117
　　　(2) 疾病予防からみた三次機能の重要性　118
　2. 保健機能食品··119
　　　(1) 特定保健用食品と栄養機能食品について　119
　3. 特別用途食品··120
　　　(1) 許可すべき特別用途食品の範囲　121
　　　(2) 病者用食品である表示の許可基準　121
　4. 機能性表示食品···123
　5. 機能性表示食品の制度··124
　　　(1) 機能性表示食品制度の特徴　124
　6. 健康食品とその問題点··125
　　　(1) 健康食品の問題点　125

第9章　食環境とバイオテクノロジー　　127〜132

　1. 食の安全・安心とセンシング···127
　2. 食環境への応用···127
　3. 遺伝子組換え食品··128
　4. 食品衛生への応用··130
　　　(1) 発がん物質の検出　130
　　　(2) O-157菌の遺伝子検査　131

目　次

第10章　医療とバイオテクノロジー　　133〜148

1. 抗生物質 ……………………………………………………………………………… 133
    (1) 抗生物質の歴史と課題　133
    (2) 代表的な抗生物質　134
2. インスリン …………………………………………………………………………… 137
    (1) インスリンの構造と働き　137
    (2) インスリン製剤の開発　138
3. 血栓溶解剤 …………………………………………………………………………… 139
    (1) 血液凝固系と線溶系　139
    (2) 血栓溶解剤の開発　139
4. 造血剤 ………………………………………………………………………………… 140
    (1) 血球の種類と働き　140
    (2) エリスロポエチン製剤の開発　140
5. インターフェロン …………………………………………………………………… 141
    (1) インターフェロンの種類と働き　141
    (2) インターフェロン製剤　141
6. モノクローナル抗体 ………………………………………………………………… 141
    (1) 抗原と抗体　141
    (2) モノクローナル抗体の作製　142
    (3) モノクローナル抗体の利用　144
7. 新しいがん治療 ……………………………………………………………………… 145
    (1) がんの発症と治療　145
    (2) 分子標的薬療法　145
    (3) 免疫細胞療法　147
    (4) がんワクチン療法　147
8. 遺伝子診断 …………………………………………………………………………… 147
    (1) ヒトゲノムの特徴と個体差　147
    (2) 遺伝子と染色体の検査　148

第11章　再生医療とバイオテクノロジー技術　149〜154

1. 幹細胞とは …………………………………………………………………………… 149
2. iPS細胞の誕生 ……………………………………………………………………… 149
3. これからの再生医療 ………………………………………………………………… 151

索　引 …………………………………………………………………………………… 155

第1章
バイオテクノロジーの背景

> **ポイント** 生物の長い進化の歴史を経て，淘汰されなかった生物が現存している。バイオテクノロジーは，これら生物が獲得した機能の解明と活用を目的として，1970年後半から急速に進んできた。本章では，生物誕生の仮説や，進化により獲得した様々な機能の活用を中心に紹介する。

1. バイオテクノロジーとは

　現代社会では誰もが知っている用語である「バイオテクノロジー」とは，バイオロジー（生物学）とテクノロジー（技術）の合成語として1970年代後半より登場してきた言葉である。日本語訳としては生物工学や生命工学が用いられているが，そのままバイオテクノロジーと称されることの方が多い。

　その意味するところは「生物機能を利用する技術」であって，生きること（健康・医療），食べること（食料・農林・水産・畜産），暮らすこと（環境・エネルギー）等の人類生存に欠くことのできない技術の総称である。

　しかし人類は「バイオテクノロジー」という言葉が生まれる以前より経験的にその技術を日常生活に利用してきており，発酵食品や保存食が古くより活用されてきた。また品種改良により，農作物の高収量や味の改良を工夫してきた。

　現代においては，研究の進展と共に様々な産業に応用されてきている。医療分野ではペニシリンやストレプトマイシン等の抗生物質，またワクチンや抗体等のバイオ医薬が創成されている。農業・食料生産分野では，遺伝子操作による品種改良やトウモロコシ，ダイズ，ナタネ等の遺伝子組換え作物が開発されてきている。環境・生活周辺分野では，バイオエタノール等のバイオ燃料，ポリ乳酸等の生分解性プラスチック，たんぱく質分解や脂質分解に関わる洗剤用酵素，また有機物分解に関与する微生物を利用した排水・排泄物処理技術が身近になってきている。

　人口増や超高齢社会を迎えるこれからの未来に向けては，食料問題，資源問題，環境問題，難病・疾病問題等を地球的規模の課題として捉え，バイオテクノロジー技術だけではなく最先端の情報・ロボット工学等と融合して人類の夢や健康長寿社会の実現に貢献するバイオテクノロジーの発展・成熟が大いに期待されている。

第1章　バイオテクノロジーの背景

2. 生物と無生物

（1）生命誕生の謎

　地球が誕生して46億年が経過した現在の地球には，多くの生物が生息している。しかし，地球が誕生した当初は，生物が生息できる環境は全くなかったと考えられる。これまでに発見されたもっとも古い生物の化石の痕跡は地球が誕生して8億年経った頃のものであり，その前後に生物が誕生したと考えられている。その時，生物はどのように誕生したのか。これまでも様々な説が示されてきた。しかし無生物から生物を創り得たことはない。

　ここでは，二冊の著書を紹介する。米国のヘイゼンが2012年に出版した著書『地球進化　46億年の物語「青い惑星」はいかにしてできたのか』は，2014年日本語版となって出版された。本書には，地球創生から生物の誕生，現在，そして50億年後にはほとんどの生物が死滅し，生物は地下の奥深くに残った水で生きられる丈夫な微生物のみであろうと述べている。生命誕生のプロセスを水の惑星地球ゆえの新たな視点から示している。時をほぼ同じくして，中沢弘基による『生命誕生　地球史から読み解く新しい生命像』が2014年に出版された。生命誕生の新たなプロセスを学術的裏付けにより生命起源論として示した。中でも「生物有機分子の地下深部進化仮説」を検証するために，地下深部の温度圧力条件でアミノ酸が容易に重合することを証明し，世界記録となる大きなアミノ酸重合体（ペプチド）を生成することで仮説を証明し，その圧倒的な説得力には生命誕生がそこまで来ているとさえ思えるほどである。両者の説で，重要な役割を果たしているのは隕石の海洋衝突である。地球誕生から5～10億年後には地球に生物が誕生する。生物誕生のメカニズムの解明の道は着実に進んでいる。

（2）生命誕生に必要な物質

　地球で生物が誕生する上で，重要な役割を果たしているのは地球に存在する様々な物質である。それらの物質に関する知識は詳細に解明されている。地球に存在する物質は，原子と呼ばれる基本的な粒子により構成されている。原子は正の電荷を持つ原子核と負の電荷を持つ電子でできており，原子核は正の電荷を持つ陽子と電荷を持たない中性子でできている。分子は物質としての性質を持つ最小単位で，1つ以上の原子から成り立つ。物質を構成する基礎的な成分を指す元素は，今日までに118番までが知られている。この内，天然に存在する元素は原子番号1番の水素（H）から92番のウラン（U）までで，このうち4種類の43番（Tc），61番（Pm），85番（At），87番（Fr）は存在量がごく微量で実質的には存在しないと考えられる。さらに93番（Np）以降は人工元素で112番（Cn）までは正式に命名されているが，113番（Uut）から118番（Uuo）までは，仮の名称で呼ばれている（2015年現在）。地球に存在するこれら元素は，周期表として示されている。

これらの元素により，当時の地球環境の中で様々な無機や有機の化合物が作られた。その中には，現在の生物体を構成する元素のC, H, N, O, P, S等の軽元素を中心に，その他の少量元素や微量元素が生物の誕生において重要な構成要素となった。中でも，生物が必要とする体構成物質やエネルギー物質，あるいは機能性物質等は生物にとって不可欠な物質である。現在知られている生物のうち動物は食物から，植物は光合成，微生物は窒素合成等により必要な物質を得る。生物は生命活動を行って生命体を維持しなければならず，生命体の終焉と共に，無生物となる。あらゆる生物の共通した概念は，必ず「自己複製（増殖）」，「エネルギー交換」，「恒常的保持」の能力を有するものであり，体は「細胞」からできていると定義されている。言い換えれば，すべての地球上に存在するないしは存在した生物は，これらの概念にあてはまる。

(3) 生命誕生に必要な条件

では，36億年前前後，生物が存在しない中で生物が誕生するのに必要な条件はどのように整っていたのか。この点については，絶対必要な原材料がすべてあったとヘイゼンは述べている。すなわち，中心的な働きは炭素であると考えられている。その理由は，炭素原子は，水素，酸素，窒素，硫黄の最高4つと結合することができ，たんぱく質，炭水化物，脂質，DNA（p. 47参照），RNAの土台を形成し，生命を定義する2つの条件（複製する能力と進化する能力）が満たされたと考えられている。このことから，無生物では起こらない「自己複製（増殖）」，「エネルギー交換」，「恒常的保持」が可能となる能力が得られたのであろう。次に，それらの条件がどのように整ったのか，無生物すなわち物質から生物的機能に必要な物質が作られる化学的反応により無生物から生物へのシナリオは着実に進行していたことが，多くの研究者の卓越した思考と実験により着々と真実に向かって解明されている。

太陽系にはいくつかの惑星がある。地球は中心をなす太陽からの位置がハビタブルゾーンと呼ばれ，大気の形成や大量の水の確保等，生物が生息できる条件が次第に整ってくる。原始地球の誕生が46億年前であるとすると，それから5〜10億年の地球創世期の中で，隕石の海洋衝突による過激な環境下と深い圧力，熱水，鉱物との接触等による生命構築の材料が作られたという考えは，冷却が進んだ8億年前後の真正細菌や，オーストラリアの海岸でストロマトライトという岩石から11億年頃の原核生物の化石（微化石）の発見，さらに14億年頃の藍藻の化石が発見されていることに矛盾はない。原始地球における原子の結合や様々な分子ができる化学反応により化学物質が作られ，生物に深く関わる炭素の化合物の出現もこの時期に化学進化により生じたものと考えられる。生命の起源に関する研究は，古くからオパーリンの生命の起源（1924年）による有機物の形成や，広く知られているミラー（1953年）の実験による無機物から有機物が合成される過程が知られている。これらの研究は多くの追試が行われ，炭水化物，アンモニア，糖類，アミノ

酸，塩基が非生物的に合成された。しかし，細胞形成に不可欠な構成物質（高分子有機物としてのたんぱく質，核酸，多糖類）の形成はできなかった。生命の誕生には，むしろ地球創世期の大きな圧力や高温の環境がその役を担ったのかもしれない。今までに人の手による無機物から生命を持つ生物を誕生させることはできていない。しかし，これまでの多くの学問分野の研究の成果は，その実現に着実に近づいているように理解したい。

　生物の生命現象に関する研究は，生命の起源を解明する上で重要である。しかし，バイオサイエンスにおける現在までの生命現象の解明では，その生物を無生物から作り出すことはできていない。生物に関する研究においては，まだ解明されていない重要な課題を紐解かなければならない。原核性生物のストロマトライトから20億年後，単細胞の真核生物が誕生し，多細胞生物誕生まで36億年を経た。無生物から生物が誕生する地球で起きた生命誕生のプロセスの解明も，不可避的な地球化学的プロセスだと考えられている。前述のとおり，炭素はたんぱく質，炭水化物，脂質，DNA，RNAの土台をつくり，炭素を基本とした分子だけが，複製する能力と進化する能力，すなわち生命を定義する2つの条件を満たしているようだと，ヘイゼンは述べている。

　なお，ウイルスについては，① たんぱく質の殻の中に核酸を含み細胞形態をもたず，② 多くのゲノムをもつものもいることや起源が古いこと，さらに③ 病原体としてふるまうことがあることから，生命の定義としては曖昧である。しかし，便宜的に増殖・代謝ができるものとして，非生物あるいは非細胞性生物と呼ばれている。ウイルスの分類はボルティモア分類によりDNAやRNA等で行われている。その起源については，① 細胞ゲノムの一部が細胞を脱し，自己複製と外部環境の変化に応じて自らを保護するために必要な外皮を作るたんぱく質を得た，② ウイルスと細胞の起源を区分する「独立起源説」がある。

3. 遺伝学と遺伝子

（1）遺伝学のはじまり

　遺伝現象に関する記録は古くから知られており紀元前400年頃には，医師であったヒポクラテスは子が親に似ること，アリストテレスは遺伝の優性現象を知っていた記録がある。しかし，その理論的な解釈は難しく優性を現象として示しているにとどまった。当時はネコから生まれる子はすべてネコで，決してイヌやネズミにはならない。ウリの種子からはウリしか生えず，スイカやトマトが育つことはない等，親（または先祖）の性質が子ども（または子孫）に伝わることを遺伝と言った。（または）親から子へ，そして子から孫へ，代々類似性を失わないで伝わっていく遺伝現象は，「カエルの子はカエル」，「ウリのつるにはナスビはならない」といったたとえが一般社会でも日常的に言い交されているように，認識されていた。しかし，もっと身近に親子の関係を眺めると，親の性質がその

まま子どもに伝わるとは限らない。むしろ，一つ一つの性質（形質という）をとっても，子どもが親にそっくり似ることはむしろまれである。生物の形や色等の形質が親から子へ，子から孫へと伝わっていく現象としては昔からよく知られていた。17世紀に入ると農業における交雑実験や雑種強勢等，交配による形質の違いに関する記載がある。しかし，遺伝の形質に関する研究とその理論的解釈は，メンデルのエンドウマメの実験によらなければならなかった。

(2) 遺伝子とDNA

オーストリアの僧院の神父であったメンデルは，エンドウマメの7つの形質，すなわち① 種子の色（黄色と緑色），種子の形（丸としわ），② さやの色（黄色と緑色），③ 背丈（高いと低い），④ さやの形（膨らむと平たい），⑤ 花の色（紫色と白色）。⑥ 花の位置（茎の頂端と全体）に注目し，交配実験により，それぞれの形質がどのように表れるかを調べた。その結果は，「植物の雑種に関する研究」と題した1865年の学会での口頭発表，翌1866年には学会の会報に論文として掲載された。すなわち，メンデルの法則は3つの遺伝の法則，① 優性の法則，② 分離の法則，③ 独立の法則を明らかにした。しかし，大きな評価を得ることはなく，わずかに論文が引用される程度であった。遺伝の仕組みが遺伝学者に認められたのはメンデルが亡くなった1884年以降であった。1900年になってコレンス，チェルマックそしてド・フリースによるそれぞれ独立した研究によりメンデルの法則が再発見された。コレンスはこの法則を「メンデルの法則」と命名した。なお，当時は遺伝子という概念はなく，粒子遺伝と呼ばれ，1903年にベイトソンが遺伝子（gene）と名付けた。その後，1902年にはサットンは染色体の研究から染色体説を提唱した。独立の法則の問題（遺伝子が染色体上にあること）は，モーガンらによるショウジョウバエの唾腺染色体の解析から証明された。

その後は，1958年クリックによるセントラルドグマまでは，遺伝子の物質的基礎研究と遺伝子の形質発現の仕組みの解明へと2つの流れに進んだ。すなわち，ハミルトンやスミスは近代進化学を発展させ集団遺伝学の成立に貢献し，1940年にマクリントットはとうもろこしにおいてトランスポゾン（Transposon）は細胞内においてゲノム上の位置を転移（transposition）することのできる塩基配列であることを発見した。また，形質発現に関する発見では，ビートルとタータムが1941年にアカパンカビを用いて遺伝子は特定の酵素の合成によるもので形質は酵素の働きの結果であるとする一遺伝子一酵素説を発表した。グリフィスは炎双球菌に肺炎を起こすS型病原性菌と，肺炎を起こさないR型とがある性質を利用して，形質転換を起こす物質がDNAであることを1944年に実施した実験から導いた。DNAの構造は，1953年にワトソンとクリックにより二重らせん構造が提唱された。遺伝子の本体がDNAであることを強く示唆するものであり，それ以降の研究に極めて大きな影響を与えた。代表的な発見は，① 肺炎レンサ球菌（肺炎球菌）の形質

転換，② DNA の立体構造の決定，③ mRNA, tRNA，コドンの発見，④ 分解法によるシークエンシング（化学分解法），⑤ DNA 塩基配列決定法（サンガー法）と DNA シークエンシング胚性幹細胞（ES 細胞）の作製技術の確立，⑥ PCR 法等があげられる。2000 年に入ると，ヒトゲノムの解読，ゲノムレベル，細胞レベルでの遺伝子の役割や多様性について急速に研究が進んだ。中でも，2008 年に山中による iPS 細胞（人工多能性幹細胞）の作製技術が確立され，生命科学の基礎並びに応用研究は飛躍的に進んでいる（詳細は第 4 章, p. 47～）。

4. 遺伝子組換え

（1）遺伝子組換え技術の開発と活用

　分子生物学の発展の結果，1970 年代に入ると，革命的な技術が生み出された。それが遺伝子工学（gene engineering）と言われ，遺伝子操作（gene manipulation）あるいは組換え DNA（recombinant DNA）等と呼ばれている技術である。さらに，細胞融合（cell fusion）等を含め，分子育種（molecular breeding）という言葉も用いられている。

　1972 年末，スタンフォード大学のバーグらは異なるウイルスの DNA をかなり複雑な方法でつなぎ合わせて人工遺伝子を作り上げ，最初の組換え DNA 分子を作った。一方，1968 年ジュネーブ大学のアーバーとジョンホプキンス大学のスミスは，遺伝子を切断する制限酵素（restriction enzyme）を発見した。制限酵素は，遺伝子組換えにはなくてならない遺伝子の「はさみ」として，既に発見されていた連結酵素と共に，遺伝子組換えに広く一般に用いられている。1973 年，スタンフォード大学のコーエンとカリフォルニア大学のボイヤーらのグループによってヒト遺伝子の大腸菌への遺伝子組換えが行われた。彼らはプラスミド DNA を試験管内で作り，それを用いて大腸菌の形質を転換させた。さらに翌 1974 年には，アフリカツメガエルのリボゾーム RNA 遺伝子を同じ方法で大腸菌に導入し，いかなる生物種の DNA でも微生物の中で複製し，その情報を発現させ得ることを示した。これが現在の遺伝子組換え技術の誕生であった。遺伝子組換えの危険性を回避するための規制や安全の基準を作るため，1974 年カリフォルニアのアシロマで遺伝子組換えに関する世界的な研究者の会議が行われた。決められた基準は，「生物学的封じ込め」と「物理学的封じ込め」であった。これらの基準にしたがって遺伝子組換えに関する研究は，広く進められることとなった。

（2）遺伝子組換え技術の様々な進展

　遺伝子組換えは，種の壁を越えて組換え体を作り得ることを最大の特徴としている。その結果，動植物，微生物を問わずあらゆる生物の DNA を結合させたキメラ DNA を作り，その機能を発現させることが可能になった。遺伝子組換え技術という革進的研究技術の登

場によって，医学・生物学は大きな変貌を遂げることになった。すなわち，動植物細胞の特定遺伝子のクローニング，構造解析等の機構が，遺伝子レベルで解明されている。

産業的応用面では，インスリン，ヒト成長ホルモン，インターフェロン，インターロイキン等，これまで医療に広く用いることは難しかった医薬品開発，チーズの製造に使用される凝乳酵素キモシン等の製造，育種面ではトランスジェニック動物やトランスジェニック植物等の育成，アミラーゼ遺伝子を組込んだ酵母によるビールの製造等や，すでに多くの実施例が生まれてきている。特に医学分野では遺伝子診断，遺伝子治療，将来はiPS細胞等を用いた再生医療等に大きな期待がある。

5. バイオテクノロジーの学問体系

バイオテクノロジーとは，すでに示したように生物ないし生命現象（バイオ）を生産に応用する技術（テクノロジー）を指す。その内容は，生物体利用技術，生物改良技術，生物反応利用技術，生物模倣技術等に大別される。狭義のバイオテクノロジーは，細胞レベル以下の分子生物学を基礎として発達した遺伝子工学（遺伝工学），特に遺伝子組換えと細胞融合の技術を中核とする。微生物バイオテクノロジー，食品バイオテクノロジー，植物バイオテクノロジー，ナノバイオテクノロジー，ホワイトバイオテクノロジー等，様々な分野でその有用性を模索している。具体的には醸造，発酵の分野から，再生医学や創薬，農作物の品種改良等，様々な技術を包括する。

分子生物学や生物化学等の基礎生命科学は，応用生物学であるバイオテクノロジーと二人三脚で発展を遂げている。さらに，クローン生物など従来SFに登場した様々な空想が現実のものとなっている。クローン技術や遺伝子組換え作物等では，倫理的な側面や自然環境との関係において，多くの議論が必要とされている分野である。最も基本的な遺伝子操作及び細胞融合は，現在は生物多様性に悪影響を及ぼすおそれがあるとの観点から「遺伝子組換え生物等の使用等の規制による生物の多様性の確保に関する法律」（2003年公布，略称：遺伝子組換え生物等規制法，遺伝子組換え規制法）によって規制されている。バイオテクノロジーは，生命の未来を切り開く学問であると共に，人の命や食料の問題を解決できる学問と言える。

6. バイオテクノロジーにおける技術革新

バイオテクノロジーは遺伝子や細胞の働きを解明した知識を，実用的に応用し，医療や食料の増産などに活用することを目的としている。バイオテクノロジーの世代分けについては，現在様々な考え方がある。一つの考え方として，通商産業省（現経済産業省）は次のようなバイオテクノロジーの世代分けを行った。

① 第一世代バイオ（従来型バイオまたはオールドバイオ）：伝統的産業である醸造業，戦後著しく発展し，我が国のお家芸とも言われている発酵工業（アルコール発酵，抗生物質生産，アミノ酸発酵，核酸関連物質生産等）。糸状菌，細菌，酵母，放線菌等の微生物を自然のままか，突然変異処理等で改良したものを使用しているのが特徴。

② 第二世代バイオ（いわゆるニューバイオテクノロジー）：1970年代後半から盛んになったもので，遺伝子組換え技術，細胞融合技術，バイオリアクター，発生工学，動・植物細胞の大量培養技術等。この中で，特に遺伝子組換え技術のインパクトが大きい。

③ 第三世代バイオ：遺伝子組換え技術の後に新しく登場した，たんぱく質工学（protein engineering）や生体膜応用技術等。

④ 第四世代バイオ：日本が提唱し，1989年秋から予算が計上され，スタートしたヒューマンフロンティア・サイエンス・プログラム（Human Frontia Science Program, HFSP）に含まれる研究テーマで，脳の知覚認識機能，運動・行動機能，記憶・学習，思考・言語機能等を含んでいる。

さらに，第五世代バイオ（iPS細胞を活用した新たな取り組み）を加えるとしたら，文部科学省は「成熟（分化）した細胞が初期化され多能性をもつことの発見」として，これまでの常識を覆し，「細胞の運命は変えることができる」という新たな認識を世界中にもたらした。科学技術白書（2013年）において，「ヒトiPS細胞等を活用した再生医療・創薬の新たな展開」を示しており，iPS細胞による再生医療・創薬研究・疾患研究の展開に大きな期待を示している。この技術はヒト以外の生物においても，様々な活用が期待されるところである。しかし一方，自然発生を原則とする生物の形質発現に対して，これまでも遺伝子操作に関する様々な取り組みも行われてきたことは事実である。地球に生息する多くの生物に対して新しい技術の開発の活用は，より慎重に進める必要があり，生物や環境に対する，人間による技術的影響の大きさに，希望と不安を感じさせる。

参考文献・資料

http://www.jba.or.jp/top/bioschool
R. ヘイゼン，円城寺 守監修，渡会圭子訳：地球進化 46億年の物語，講談社，2014.
中沢弘基：生命誕生 地球史から読み解く新しい生命像，講談社，2014.

第2章

微生物の利用

ポイント　多様化する今日のバイオテクノロジーは「生活を豊かにする生物活用術」として人類の歴史と共に発展してきたものであり，微生物の存在を抜きにこれを語ることはできない。本章では，各種微生物の特性，微生物を利用する物質生産等に関する基礎的理解を深める。

1. 微生物の種類とその性質

微生物とは「自然界に広く分布する肉眼では見えない微小生物」の意である。生物種の約30％を占めており，細胞構造から「真核生物（カビ，酵母及び藻類）」と「原核生物〔古細菌，バクテリア（細菌）及び放線菌〕」に大別される。

（1）カビ（糸状菌）

カビは，幅10～30μm程度の糸状に分岐した細胞（菌糸）の集合（菌糸体）からなる。菌糸は栄養吸収と生育をになう無色の細胞であり，カビの種類により隔壁（節のような仕切り）の有無が異なる。菌糸が伸長して分生胞子柄が形成され，これが成熟すると先端に胞子が着生する。胞子は直径5～10μmの粒子で，その色はカビによって異なる。このような形態学的特徴は，カビの分類における重要な指標である。

1）麹カビ

不完全菌（菌糸に隔壁があり，有性生殖器官を形成しない菌）であり，わが国の醸造業で用いられているカビの大部分がこれに該当する。菌糸には隔壁があり，分生胞子柄の先端が肥大化して頂のうとなる（図2-1）。頂のうには放射状に梗子（フィアライド）が形成され，先端に連鎖状胞子（分生胞子）が着生する。

Aspergillus oryzae：黄麹菌（あるいは麹菌）と呼ばれる胞子が黄色の菌で，でん粉やたんぱく質を分解する酵素活性が強い。清酒やみりん醸造等で種麹として使われる。

Aspergillus sojae：しょうゆ用麹菌として用

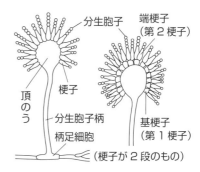

図2-1　*Aspergillus*の形態

図 2-2　ペニシリウム属の形態

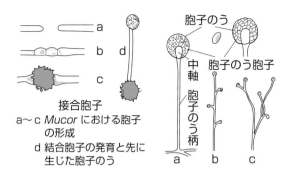

図 2-3　*Mucor* 属の形態

いられる菌で，胞子の色は緑濃色から黄色である。たんぱく質分解酵素活性が極めて強い。

Aspergillus awamori：泡盛や焼酎の製造に用いられる黒麹菌の一種。

Aspergillus niger：有機酸（グルコン酸やクエン酸等）生産能を持つ黒麹菌。

2）青カビ

自然界に広範に存在する不完全菌であり，応用微生物学的に有用な菌もあるが，食品を変敗させる菌や毒素生成菌も少なくない。菌糸には隔壁が存在し，分生胞子柄の先端は分岐してペニシラス（ほうき状体）となり，メトレを介して梗子（フィアライド），分生胞子が着生している（図2-2）。胞子の色は青から青緑である。

Penicillium chrysogenum：メロンのカビから単離されたペニシリン生産菌。

Penicillium camemberti 及び *Penicillium roquefortii*：チーズ中のカゼインを分解して独特の風味を付与する菌で，前者はカマンベールチーズ，後者はロックフォールチーズの熟成に用いられる。

3）ケカビ

接合菌類に属するカビで，菌糸に隔壁はない。菌糸は空中に長く伸長して綿状になり（気中菌糸），側枝ができて接合胞子を形成する場合がある（図2-3）。胞子のう柄の先端に中軸を介して胞子のうが形成され，内部に多数の胞子が存在している。胞子の色は，白，褐色，灰黒色等，菌種により異なる。

Mucor rouxii：アミラーゼ活性が高い菌で，かつてはアミロ法（でん粉を原料とするアルコール発酵）に利用されていた。

Mucor miehei 及び *Mucor pusillus*：凝乳酵素活性を有し，チーズ製造で利用される。

4）クモノスカビ

接合菌類の一種で，菌糸に隔壁はなく横方向にクモの巣のように多量に長く伸長する。*Mucor* 属菌との相違点は菌糸が仮根を有することであり，この部分から胞子のう柄が伸長し先端に胞子が形成される（図2-4）。

Rhizopus javanicus 及び *Rhizopus japonicus*：アミロ法によるアルコール製造に用いら

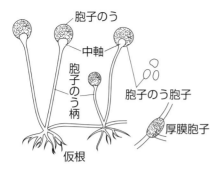

図 2-4 *Rhizopus* 属の形態

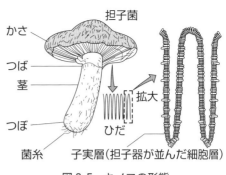

図 2-5 キノコの形態

れる。

Rhizopus delemar：グルコアミラーゼ（でん粉分解酵素）の生産に用いられる。

Rhizopus oligosporus：テンペ（インドネシアの発酵食品）に用いられる。

5）ベニコウジカビ

子のう菌類に属するカビで，菌糸には隔壁があり，紅色の色素を生産する。菌糸先端に子のう胞子が形成され，分生胞子は短く連鎖している。

Monascus purpureus 及び *Monascus anka*：蒸米に植菌して紅麹（アンカ，紅い麹）とし，紅酒（アンチュウ，中国の紅い醸造酒）の製造に用いられる。赤色の清酒製造にも用いられる。

6）アカパンカビ

子のう菌類に属するカビで，*Neurospora crassa* がよく知られている。

7）キノコ

キノコとは真核菌類が形成する大型繁殖器官（子実体）の総称であり，多くは担子菌類に，一部は子のう菌に属するが，狭義には前者を指す。一般的形態は図 2-5 であるが，色や形態は様々である。また，生活様式から腐生性菌（枯れ木，落葉，堆肥等から栄養を吸収する菌。例：多くの栽培食用キノコ）と寄生性菌（動植物に寄生して栄養供給を受ける菌。例：まつたけや冬虫夏草）に分類される。

（2）酵 母

菌糸を形成しない単細胞の真菌類の総称である。形状は球状，卵状，楕円状等多様で，細胞が連鎖して仮性菌糸（＝偽菌糸）を形成する場合もある（図 2-6）。大きさは（3〜5 μm）×（5〜10 μm）程度であり，通常は出芽（発芽とも言う）・分裂によって増殖する。子のう胞子形成の有無により以下の 2 つに大別されている。

図 2-6 酵母の形態

1) 有胞子酵母

Saccharomyces 属：強いアルコール発酵能（$C_6H_{12}O_6$（グルコース）→ $2C_2H_5OH + 2CO_2$）を示す。フルクトース，マルトース，ガラクトース，スクロースの発酵性も有するが，ラクトースは利用できない。*Saccharomyces cerevisiae*（清酒，ビール，ワイン，パン）や *Saccharomyces carlsbergensis*（ビール：後に *S. cerevisiae* に統合）等の有用菌が多い。

Schizosaccharomyces 属：熱帯地域に分布し，分裂により増殖する。とうもろこし酒から分離されたアルコール発酵力の強い *Schizosaccharomyces pombe* が有名。

Zygosaccharomyces 属：しょうゆ醪（もろみ）酵母であり，耐塩性を有する *Zygosaccharomyces rouxii*（*Z. miso* あるいは *Z. soya* ともいう）が知られている。本菌は，耐塩性 *Saccharomyces* として分類されていたこともある。

Pichia 属：卵円型で仮性菌糸を形成する。糖類発酵性は弱いが，ペントースからのエタノール生産能に優れた菌も存在する。バイオマスエネルギー生産分野での利用例があるが，ビール・ワイン醸造では有害菌とされている。

2) 無胞子酵母

Candida 属：球形で仮性菌糸を形成する。ペントース資化能が高く，製紙工場廃液や木材糖化液からのSCP（単細胞たんぱく）生産菌（*Candida utilis*）が知られている。

Rhodotorula 属：赤色酵母であり，カロテノイド色素を生成する。

Torulopsis 属：球形あるいは卵型で仮性菌糸は形成しない。しょうゆの後熟成酵母として有用な菌も知られているが，飲食物変敗の原因となる有害菌もある。

（3）バクテリア（細菌）

細胞分裂によって増殖する単細胞の原核微生物である。大きさは（0.5〜2 μm）×（1〜5 μm）程度であり，形状により球菌，桿菌及びらせん菌に分類される（図2-7）。また，細胞表層構造により「グラム陽性菌」と「グラム陰性菌」に大別される（図2-8）。胞子形成をする菌，べん毛を有し運動性のある菌等も知られている。

1) 乳酸菌

糖類を発酵して乳酸を生成する通性嫌気性のグラム陽性細菌。形状は球菌あるいは桿菌である。「カタラーゼ陰性，内生胞子は非形成，運動性がない」という特性を有し，乳酸発酵形式や生成乳酸の光学活性等によって詳細に分類されている。

〔ホモ型乳酸発酵とその代表菌〕

$C_6H_{12}O_6$（グルコース）→ $2CH_3CHOH \cdot COOH$

Enterococcus 属菌：L型乳酸生産性の連鎖状球菌。腸内常在菌である *E. faecalis* や *E. faecium* は食品や水の糞便汚染の指標でもある。

Streptococcus 属菌：L型乳酸生産性の連鎖状球菌。*S. lactis*（牛乳中に存在。乳製品の

1. 微生物の種類とその性質

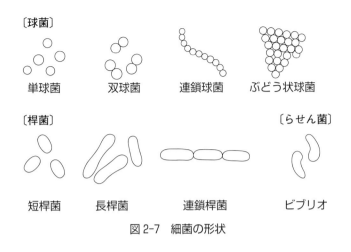

図2-7　細菌の形状

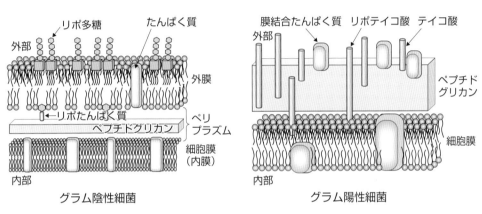

図2-8　細菌細胞の表層構造

スターターや熟成に使用），*S. faecalis*（整腸剤），*S. thermophilus*（ヨーグルト）等が知られている。

Lactobacillus 属菌の一部：形状は短桿菌から長桿菌まで様々で，連鎖することもある。多数の有用菌があり，「絶対的ホモ型菌（ペントースからの発酵をしない）：*L. acidophilus*（整腸剤・ヨーグルト製造），*L. bulgaricus*（ヨーグルト・チーズ製造），*L. casei* や *L. delbrueckii*（発酵乳製造）」と「条件的ヘテロ型菌（ペントースからの発酵ではヘテロ型となる）：*L. plantarum*（植物性乳酸菌で漬物等に存在），*L. sakei*（清酒製造）や *L. casei*（発酵乳製造）」に大別される。他の *Lactobacillus* 属菌は「絶対的ヘテロ型菌（後述）」である。

Pediococcus 属菌：DL-乳酸を生成する双球（または四連球）菌で，*P. damunosus*（ビール変敗の原因）等がある。

Tetragenococcus 属菌：L-乳酸を生成する四連球菌で，*T. halophilus*（しょうゆ熟成）が代表的。

〔ヘテロ型乳酸発酵とその代表菌〕

$C_6H_{12}O_6$（グルコース） → $CH_3CHOH \cdot COOH$ + C_2H_5OH + CO_2

Lactobacillus 属菌の一部：「絶対的ヘテロ型菌」の *L. brevis*（漬物やサイレージに存在）や *L. heterohiochii*（火落菌）がある。

Leuconostoc 属菌：植物界に広く分布する D 型乳酸生産菌で，*Leu. mesenteroides*（清酒製造）がよく知られている。

2) ビフィズス菌

Bifidobacterium bifidum（以前は *Lactobacillus* に属していた）という嫌気性グラム陽性桿菌。グルコースから等量の乳酸と酢酸，及び少量の有機酸を生成する。

3) 酢酸菌

エタノールを酸化して酢酸を生成（C_2H_5OH + O_2 → CH_3COOH + H_2O）する好気性のグラム陰性桿菌で，べん毛を有するが胞子は形成しない。*Acetobacter aceti*（食酢製造）や *Acetobacter xylinum*（セルロース生成）等が知られている。

4) グルコン酸菌

グルコースを酸化してグルコン酸を生成する好気性グラム陰性菌で，酢酸菌の類縁菌。*Gluconobacter roseus* や *Gluconobacter liquefaciens* 等が知られている。

5) バチルス属菌

自然界に広く分布する「グラム陽性ないしは不定」の菌で，形状は球から楕円。好気性または通性嫌気性菌で，耐熱性の内生胞子を形成する。糖やたんぱく質を分解する酵素活性が高い菌も存在する。*Bacillus subtilis*（枯草菌），*B. natto*（納豆菌），*B. stearothermophilus*（熱殺菌の効果を判定する際の指標菌）等が知られている。

6) 大腸菌（群）・腸内細菌

好気性あるいは通性嫌気性のグラム陰性桿菌で，べん毛を有するが胞子は形成しない。主として哺乳類に寄生し，腸管内細菌群を形成している。*Escherichia coli*（糞便汚染の指標・分子生物学試料），*Enterobacter* 属，*Salmonella* 属（腸チフス菌等），*Shigella dysenteriae*（赤痢菌），*Vibrio* 属（コレラ菌等）などが知られている。

7) クロストリジウム属菌

土壌中に広く分布する嫌気性のグラム陽性桿菌で，内生胞子を形成する。バイオ燃料等生産分野で *Clostridium acetobutylicum*（でん粉からのアセトン・ブタノール発酵），*C. saccharoacetobutylicum*（糖蜜からのアセトン・ブタノール発酵），*C. butyricum*（水素発酵）等が近年注目されている。

8) コリネ型菌

好気性グラム陽性桿菌で胞子は形成しない。V 字型，Y 字型等の多形性を示す。*Corynebacterium glutamicum*，*Brevibacterium flavum*，*B. lactofermentum*（グルタミン酸発酵）や *B. ammoniagenes*（核酸発酵）が知られている。

(4) 放線菌

土壌中に広く分布する「菌糸（幅1μm程度）を形成し，多くがグラム陽性である好気性から通性嫌気性の糸状細菌」で，糸状菌と細菌の中間的性質を有するが，明確な分類法は確立されていない。コロニーは粉状やビロード状で，その色は白色，褐色，灰色，青色，あるいは桃色である。有用菌の多くは *Streptomyces* 属の抗生物質生産菌であるが，病原菌である *Actinomyces* 属や *Nocardia* 属等も知られている。

(5) ウイルス

核酸とそれを包むたんぱく質からなる感染性の微小構造体で（図2-9），他の生物に寄生して増殖する（図2-10）。細菌に寄生するものをバクテリオファージという。多くは病原性であるが，分子生物学研究に用いられるもの（大腸菌 T_2 ファージ）もある。

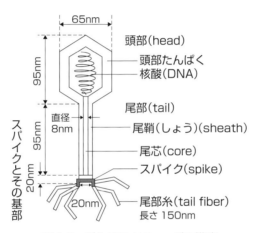

図2-9　バクテリオファージの構造
出典　相田　浩：応用微生物学，同文書院，1987，p. 40を改変

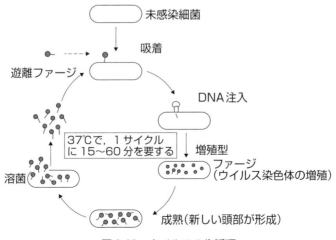

図2-10　ウイルスの生活環
出典　相田　浩：応用微生物学，同文書院，1987，p. 41を改変

2. 微生物の生育と環境条件

微生物に影響をおよぼす様々な環境因子を理解し,微生物の生育を適切に制御することは,「有用微生物の利用」や「有害微生物の防除」等において極めて重要である。

(1) 微生物の生育に影響をおよぼす環境因子

1) 温　度

微生物は,「生育に適した温度(至適温度)」によって3群に大別される(表2-1)。工業的に有用な微生物やヒトの常在菌,さらに病原菌等多くの菌は中温菌に属している。一般に,耐熱性胞子を生成する一部の菌を除き,微生物は高温に弱いため,殺菌操作は高温で行われる。一方,生育可能温度以下の温度域においても死滅する微生物は少ないため,有用微生物菌株の保存は低温で行われている。

2) 酸　素

微生物は,生育に必要なエネルギー(ATP:アデノシン三リン酸)を獲得するための代謝における酸素要求性によって,3群に大別される(表2-2)。好気性菌は,その生育に酸素が必要不可欠である。通性嫌気性菌は,酸素の有無と無関係に生育可能であるが,酸素が存在する場合には,これを利用してより多くのエネルギーを獲得し活発に増殖する。

表2-1　微生物の生育と温度

	最低温度 (℃)	至適温度 (℃)	最高温度 (℃)	代表的な菌
低温(好冷)菌	0～10	10～20	25～30	発光細菌 一部の腐敗菌
中温(好温)菌	0～7	20～40	40～45	糸状菌,酵母,細菌,病原菌 *Geobacillus stearothermophillus*
高温(好熱)菌	25～45	50～60	70～80	*Flavobacterium thermophilum*

表2-2　微生物の生育と酸素

	酸素要求性	代表的な菌
好気性菌	酸素あり:利用・生育 酸素なし:生育不可	糸状菌 細菌 (酢酸菌,枯草菌等)
通性嫌気性菌	酸素あり:利用・生育 酸素なし:生育可能	酵母 細菌 (大腸菌,乳酸菌等多数)
嫌気性菌	酸素あり:生育不可 酸素なし:生育	細菌 (アセトン・ブタノール菌,水素生産菌,酪酸菌等)

一方,嫌気性菌は無酸素状態で良好な生育を示し,酸素の存在は有害となる。

3）水　分

水は「自由水（環境条件により移動・蒸発する）」と「結合水（構成成分と強固に結合している）」に大別され,微生物の栄養源は自由水に溶解している。全水分量に対する自由水の量の割合を表す指標が「水分活性（Aw）」であり,食品では $Aw = P/P_0$（P：食品自体の蒸気圧,P_0：水の蒸気圧）で表される。Aw 値が 0.75 以下では,大部分の微生物は生育不可能である（表 2-3）。

表 2-3　微生物の生育と水分活性

主な微生物	生育下限 Aw	食品の水分活性
一般腐敗細菌	0.94～0.99	鮮魚・果実（0.98）
酵母	0.88～0.94	ソーセージ（0.9） 塩鮭（0.89）
一般糸状菌	0.8	ジャム（0.79）
好塩菌	0.75	ケーキ（0.74）
乾性糸状菌	0.65	干しエビ（0.64）
耐浸透圧酵母	0.60～0.61	小麦粉（0.61） ドライフルーツ・ゼリー（0.6）
なし	0.5 以下	乾燥野菜（0.55） ビスケット（0.33）

4）水素イオン濃度（pH）

微生物の生育に必要な水の水素イオン濃度も重要な環境因子であり,「生育に適したpH（至適pH）」により,微生物は3群に大別される（表2-4）。

表 2-4　微生物の生育と pH

生育最適（至適）pH	生育可能 pH	主な微生物
7～8 （中性～弱アルカリ）	5～9	大部分の細菌
5～7 （弱酸性～中性）	4～8	細菌（乳酸菌・酪酸菌）
4～6 （酸性～弱酸性）	2～7	カビ 酵母 細菌（酢酸菌,グルコン酸生産菌）

5）浸透圧

浸透圧は,溶質の種類や水分活性とも密接に関係する因子である。一般に,微生物菌体の浸透圧は周囲よりも若干高く維持されているが,周囲の浸透圧の方が高くなると,脱水作用等により生育は困難となる。食品の保存性を高めるために高濃度の塩や糖に浸漬する

のは，高浸透圧を利用した微生物防除の一例である。

6）化学物質

微生物増殖の阻止や殺菌の作用を有する化学物質の総称を抗菌物質といい，塩素，サラシ粉，過酸化水素，オゾン，アルカリ剤，金属イオン，有機酸，ホルマリン，アルコール類，さらには微生物により産生されるナイシン（抗菌ペプチド），ロイテリン，抗生物質（ペニシリンやストレプトマイシン等）などが知られている。

7）光線・放射線・電磁波

紫外線（UV）の波長は可視光線の波長よりも短く，核酸の最大吸収波長（$\lambda=260$ nm）と一致するため，殺菌効果を有する。食品工場や微生物実験用クリーンルーム等で使用される殺菌灯は，紫外線灯である。また，X線やγ線等の放射線も，その程度によって微生物に変異や死滅を生じさせることが知られている。

（2）微生物の栄養

微生物の生育・増殖には，エネルギーや細胞成分の源となる栄養物質が必要であるが，必要物質とその獲得法は微生物の種類によって異なる。一般に，微生物工業の原料には，必要な栄養をすべて含む培地が用いられる。一方，有害菌（腐敗菌，汚染菌，病原菌等）防除では，対象菌の栄養源である物質の見極めとその除去が重要である。

1）栄養要求による微生物の分類

エネルギー源物質の種類と要求性により，微生物は4群に分類される（表2-5）。

表2-5 微生物の栄養要求性

エネルギー源	利用炭素源	
	空気中のCO_2	動植物由来の有機物
光化学反応	光独立栄養菌 例：大部分の藻類 　　緑色硫黄細菌 　　紅色硫黄細菌	光従属栄養菌 例：一部の藻類
化学的暗反応	化学独立栄養菌 （無機栄養菌） 例：水素細菌 　　硫黄酸化細菌 　　鉄酸化菌	化学従属栄養菌 （有機栄養菌） 例：大部分の細菌 　　カビ，酵母 　　原生動物

2）微生物の栄養源

炭　素　源：多くの微生物（従属栄養菌）は，糖類（おもにグルコースやスクロース等であるが，でん粉やセルロール等を利用可能な微生物も存在），アルコール類（エタ

ノールやグリセロール等），有機酸（クエン酸，リンゴ酸等），脂肪酸，あるいは石油系炭化水素（n-パラフィン等）を利用してエネルギーと細胞を合成する。一方，空気中の二酸化炭素を利用する微生物（独立栄養菌）も存在する。

窒 素 源：細胞成分であるたんぱく質（含：酵素）や核酸の原料となる。培地調製では，酵母エキス，ペプトン，コーンスティープリカー等の含窒素有機物が広く用いられるが，糸状菌用培地では，アンモニウム塩や硝酸塩等の無機化合物も利用される。

ミネラル類：酵素や補酵素，核酸関連物質の構成要素として不可欠な微量成分である。培地調製では，$MgSO_4$ や KH_2PO_4 が広く用いられるが，Na，Ca，Fe，Mn，Cu，Zn 等の塩類も使用される。水道水を用いる培地調製では，水道水に含有のミネラル類だけで十分な場合もある。

3. 醸造や発酵食品製造における微生物の利用

(1) 清 酒

清酒は，玄米を原料として並行複発酵（麹菌による原料米の糖化と酵母による米糖化物からのアルコール生産が同時進行する発酵）により製造される醸造酒である。精米された玄米（精米歩合により70％以下：本醸造酒，純米酒，60％以下：吟醸酒，50％以下：大吟醸酒となる）は洗米・浸漬の後に，蒸して蒸米とされ，ここに種麹（*Aspergillus oryzae*）が植え付けられると，そのアミラーゼで米が分解され"麹"となる。次に，"麹"と蒸米，醸造用水，酵母（*Saccharomyces* 属）及び醸造用乳酸が混合され酒母が作られる。酒母に，さらに蒸米，麹及び醸造用水を3回に分けて添加して，「もろみ」を得る。「もろみ」を搾ると（本操作を上槽と言う）製品となる。

(2) ビール

ビールは，二条大麦，ホップ及び醸造用水を主原料として製造される醸造酒である。おおむぎを水に浸漬・吸水させたのち保温して発芽させ，温風で乾燥して麦芽（モルツ）とする。麦芽を砕いて温水中に投入すると，自身の酵素によりでん粉やたんぱく質が分解されて麦汁となる。麦汁を釜で煮沸し，ホップを添加して苦味と風味づけをした後，沈殿物を除去して清澄化し，冷却する。ここに酵母を添加して発酵させると「若ビール」が得られる。若ビールを貯酒タンクで発酵・熟成させて風味バランスを整え，最後に酵母や沈殿物が除去されてビールとなる。酵母には，発酵・熟成終了時にタンク上面に浮上する「上面発酵酵母」とタンク底面に沈降する「下面発酵酵母」があり，それぞれエールビール及びラガービールの製造に用いられている。

(3) ワイン

ワインは，ぶどうの果実あるいは果汁を原料として製造される醸造酒である。ワイン酵母としては，*Saccharomyces cerevisiae* OC-2 や W3 等が知られているが，*Candida* 属や *Pichia* 属等ぶどう畑由来の一部の酵母も重要な役割を果たしていると考えられている。もろみの雑菌汚染や酸化を防止するために，亜硫酸（濃度 50～100 ppm）が用いられることがワイン醸造工程の大きな特徴である。ワインの製法は極めて多様であるが，醸造法により 4 つに大別されている。

表 2-6 ワインの醸造法による分類

スティルワイン	広く「ワイン」と呼ばれる非発泡性（20℃での炭酸ガス圧 0.5 気圧未満）ワインのこと。色調により白ワイン（果皮が黄色あるいは緑色のぶどうを使用），赤ワイン（果皮が赤色あるいは黒紫色系のぶどうを使用）およびピンクワイン（色は白ワインと赤ワインの中間で，ロゼワインともいう）がある。
スパークリングワイン	炭酸ガスの強制的な吹き込みや酵母による二次発酵により酒中の炭酸ガス圧を高めた発泡性ワイン。強発泡性〔炭酸ガス圧 3 気圧以上（20℃）〕ワインと微発泡性〔炭酸ガス圧 1～2.5 気圧程度（20℃）〕ワインがある。フランスのシャンパンが有名である。
フォーティファイドワイン	酒精（アルコール）強化ワインのことで，発酵途中のワイン（または製品ワイン）にブランデー等を添加してアルコール濃度を高め（15～20%），発酵を止めると共に保存性を高め，長期熟成させて造られる。ポートワインやシェリー等が知られている。
フレーバードワイン	混成ワインとも言われ，ワインに薬草，果実，香料等を添加して造られる。ヴェルモットやサングリア等がこれに該当する。

(4) パ ン

小麦粉やライ麦粉等に水と膨張剤を添加して調製された生地を焼き上げたもの。膨張剤として酵母（業界用語では「イースト」という）が用いられる「発酵パン」と炭酸ガスを発する薬品が酵母の代わりに用いられる「無発酵パン」がある。

(5) み そ

蒸しただいず，こめ，あるいはおおむぎに食塩，水及び麹菌（*Aspergillus oryzae*）を混合して発酵熟成させて造られるわが国特有の調味料。麹づくりで用いる原料の違いで，米みそ，麦みそ及び豆みその 3 種がある。米みそや麦みその製造では，それぞれ米麹または麦麹とだいずとが混合され，ここに水及び食塩を添加して熟成させる。豆みそ製造では，蒸しただいずをこぶし大のみそ玉とし，ここに種麹を植菌する。菌が十分に生育したらみそ玉をつぶし，水と食塩を添加して熟成させる。

(6) しょうゆ

だいず，こむぎ，食塩及び水を主原料とし，麹菌を用いて製造されるわが国特有の調味料であり，JAS規格により5つに分類されている（表2-7）。

濃口しょうゆの約8割は，「本醸造方式」で製造されている。すなわち，蒸しただいずは炒ったのち砕いたこむぎと混合され，ここに種麹（*Aspergillus oryzae* や *A. sojae*）が植菌されて"麹"となる。"麹"と食塩水を混合して「もろみ」とし，酵母や乳酸菌等の作用も受けて発酵・熟成が進行したものを圧搾して生じょうゆが得られる。

表2-7 しょうゆの分類

濃口しょうゆ	全国で使用されている最も一般的なしょうゆで，塩味，旨味，まろやかな甘みや酸味を有している。
淡口しょうゆ	関西地方で発達した色のうすいしょうゆで，塩分濃度は濃口しょうゆより10%ほど高いものが多い。味をまろやかにするために，圧搾直前のもろみに甘酒が添加されており，煮物やお吸い物等に用いられる。
溜しょうゆ	愛知県，岐阜県及び三重県で生産されているしょうゆで，原料はだいずのみである。とろみ，濃厚な旨味や特有の香りに特徴があり，加熱により鮮やかな赤色を呈するので，加工食品にも使われる。
再仕込しょうゆ	生のしょうゆに麹を添加して，さらに1年間ほど熟成させてから搾られたしょうゆ。旨味や甘味が重厚で，色も濃いが香りは弱く，寿司や刺身用として用いられることも多い。
白しょうゆ	愛知県が発祥で，原料はだいず：こむぎ＝2：8程度の割合である。色は淡口しょうゆより淡い琥珀色で，強い甘味と特有な香りを有する。

(7) 納 豆

だいずを原料とするわが国特有の発酵食品である。その製法は，加熱して柔らかくしただいずを稲わらに包んで保温するという簡便なもので，稲わら由来の納豆菌（*Bacillus natto*）により独特の粘りと風味が生み出される。工業的生産では，容器に入れた熱い煮豆に納豆菌の胞子懸濁液が噴霧され，好気的に保温される。

(8) 漬 物

漬物とは，「野菜，果実，きのこ，水産物等を，塩，しょうゆ，みそ，かす（酒粕，みりんかす），こうじ，酢，ぬか（米ぬか，ふすま等），からし，もろみ等に漬け込んだもの」であるが，その定義は衛生規範（厚生労働省）と農産物漬物品質表示基準（消費者庁）とで若干異なる。乳酸菌や酵母による発酵・熟成を伴い，塩，アルコール，有機酸等の作用により保存性の高い漬物から，消費者の減塩嗜好に合わせた低塩漬物や一夜漬のような漬物まであり，多種多様である。

(9) かつお節

かつおを原料とするわが国特有の調味料である。かつおを三枚におろしてカゴに入れ，90℃以上の湯で1時間程煮沸（煮熟）する。これを冷却し，鱗や小骨を除去した後，薪の煙でいぶして乾燥（焙乾）させると「なまり節」となる。背骨から回収したすり身魚肉で「なまり節」を整形した後，焙乾を繰り返す（3～4回焙乾したものが「新節」で，含水率約20％まで乾燥したものが「荒節」）。「荒節」に付着しているタールや脂肪を削り取ると「裸節」となる。「裸節」を天日乾燥し，かつお節カビ付け（*Aspergillus glaucus*, *A. ruber* あるいは *A. repens* 等）庫内で1～2週間貯蔵すると，全体がカビで覆われる。天日干しとカビの除去，及び庫内貯蔵でのカビ付け作業を4～5回程繰り返すと，含水分率約17％の「本枯節」となる。

(10) ヨーグルト

牛，羊，山羊あるいは水牛等の全乳または脱脂乳等に乳酸菌（*Lactobacillus* 属，*Lactococcus* 属，*Leuconostoc* 属，*Pediococcus* 属あるいは *Streptococcus* 属等）を添加して乳酸発酵を行い，凝固物（カード）を形成させた発酵乳のことである。生成乳酸により原料乳のpHが低下すると，乳中のカゼインたんぱく質粒子から（－）電荷が失われ，粒子同士が凝集しやすくなることで乳が凝固して，ナチュラルヨーグルトとなる。ヨーグルトに類似の製品として「乳酸菌飲料」があるが，これは「ヨーグルト」に水，糖あるいは香料等を添加して作られたもので，そのうち無脂乳固形分が3％以上のものを特に「乳製品乳酸菌飲料」という。なお，市販のヨーグルトは表2-8に示す5つに大別されている。

表2-8　市販のヨーグルトの種類

プレーンヨーグルト	乳を乳酸菌で発酵させただけで，添加物を含まないもの。
ハードヨーグルト	乳を乳酸菌で発酵させた後，寒天やゼラチン等で固めたもの。砂糖や香料等が添加されることが多い。
ドリンクヨーグルト	ヨーグルトを砕いて液状にしたもの。砂糖や香料等が添加されることが多い。
ソフトヨーグルト	プレーンヨーグルトに果汁や砂糖を添加して撹拌したソフトタイプのヨーグルト。
フローズンヨーグルト	ヨーグルトを凍結し，アイスクリーム様にしたもの。

(11) チーズ

牛，水牛，羊，山羊あるいはヤク等の乳を原料とし，乳中のたんぱく質と脂肪を固体状に加工した乳製品のこと。全世界で1,000種類以上のチーズがあると言われているが，原料や加工法等によって表2-9のように分類されている。

表 2-9　チーズの種類

	軟質チーズ	半硬質チーズ	硬質チーズ	超硬質チーズ
ナチュラルチーズ	「原料乳の殺菌」，「スターター乳酸菌による乳酸発酵」，「凝乳酵素の添加」，「カード生成」，「カードの切断」，「カードの型詰・圧搾」，「加塩処理」及び「熟成」を経て製造されるチーズ。乳酸発酵がカード生成におよぼす役割は，ヨーグルト製造の場合とほぼ同様であるが，チーズ製造では，凝乳酵素によるカゼイン分子の分解，カルシウムを介するカゼイン粒子の結合とそれに伴う凝集によるところも大きい。凝乳時には，ホエー（乳清）もカードに取り込まれてしまうので，カードをより硬化させるために，その切断，型詰・圧搾が行われており，硬度により以下の4種に大別されている。			
	熟成させないフレッシュタイプ（クリームチーズ，カッテージチーズ，モッツァレッラ等），白カビ短期熟成タイプ（カマンベール），チーズ外皮を塩水や酒で洗いながら細菌によって熟成させるウォッシュタイプ（タレッジオ，シャンベルタン等）及び山羊乳を原料としカビや細菌で熟成させるシェーブルタイプ（ヴァランセ）の4種がある。いずれも比較的水分含量の多いことが特徴。	青カビ熟成タイプ（ロックフォール，スティルトン，ゴルゴンゾーラ）と細菌熟成タイプ（ゴーダ，マリボー等）の2種があり，口当たりが柔らかくしっとりとしている。	細菌熟成チーズであり，半硬質タイプより水分含量が少なく重量感がある。エメンタールやエダムが有名。	風味豊かでもっとも硬質な細菌熟成チーズ。長期保存にも適している。パルミジャーノ・レッジャーノが有名。
プロセスチーズ	一種あるいは数種のナチュラルチーズを粉砕して乳化剤を添加し，加熱による溶解・殺菌処理後に再度成型したもの。製品の均質化と共に，長期保存にも適している。類似のものにチーズフード（一種あるいは数種のチーズを粉砕・混合・加熱溶融・乳化したもので，チーズ分51％以上のもの）やチーズスプレッド（プロセスチーズに練乳，粉乳，バター，クリーム，濃縮ホエー等を加え，室温で半固体状のチーズ様食品。乳固形分が40％以上のプロセスチーズとチーズ分が51％以上のチーズフードに分類される）がある。			

4. 微生物による各種有用物質の生産

（1）有機酸発酵

　糸状菌やバクテリアの中には，グルコース等の糖類から有機酸を大量に生産・蓄積するものが多い。工業的には化学合成法により安価に製造される有機酸もあるが，有機酸発酵（嫌気的エネルギー獲得形式だけでなく，微生物利用による物質生産全般を発酵と言うことがある）は醸造や食品製造において非常に重要である。

1）酢酸発酵

　いわゆる酸化発酵の一種で，酢酸菌（*Acetobacter aceti* や *A. acetosus* 等）による食酢（濃度4～5％の酢酸が主成分）の製造は主として本発酵による。原料である「醸造酒」や「食酢製造用アルコール発酵もろみ」に酢酸菌を植菌し，エタノールを酸化することで酢

酸が得られる。使用原料により，米酢，ぶどう酢（ワインビネガー）等，様々な食酢があるが，わが国で生産量が多いのはアルコール酢である。また，鹿児島県には，独特の製法で製造される「つぼ酢」という黒酢がある。屋外に並べた陶器製の壺に入れられた「蒸し米」，「麹」及び「水」の液面を麹で薄く覆うと，アルコール発酵，酢酸発酵が順次進行し，熟成を経て製品となる。壺内に付着の酵母や酢酸菌が発酵の主役である。

2）乳酸発酵

発酵は主に真正乳酸菌である *Lactobacillus delbrueckii*, *L. casei*, *L. bulgaricus* 等によって行われるが，五炭糖が含まれる原料を用いる場合や発酵食品の製造では種々のヘテロ型乳酸発酵菌も用いられる。また，「仮性乳酸菌」である *Escherichia coli*（大腸菌），あるいは *Rhizopus* 属糸状菌が用いられる場合もある。乳酸製造の原料はグルコース，糖蜜あるいはでん粉加水分解物等であり，発酵は濃度10～15％の原料を用いて40℃以上で行われることが多い。発酵タンク内には中和剤として炭酸カルシウムが過剰量添加されており，生成乳酸は発酵終了後に乳酸カルシウム塩として回収される。高光学純度の乳酸は，生分解性プラスチック原料として近年注目されている。

3）クエン酸発酵

クエン酸は柑橘系果実に含まれる有機酸であり，以前は抽出果汁に石灰乳〔消石灰（水酸化カルシウム）懸濁液〕を添加して，カルシウム塩として回収されていた。微生物による生産は，糖蜜やでん粉等を原料（濃度10～15％）とする発酵生産で，主に *Aspergillus niger*, *A. awamori*, *A. saitoi*, *A. usami* が用いられるが，*Penicillium* や *Mucor* にもクエン酸生成株が知られている。また，n-パラフィンを原料とした *Candida lipolytica*（アコニターゼ欠損変異株，あるいは同酵素阻害剤感受性株）による生産法もある。カルシウム塩として回収されたクエン酸は，硫酸分解，精製を経て製品となる。

4）グルコン酸発酵

グルコン酸は清涼飲料水への添加物，ベーキングパウダー，洗浄剤，医薬原料，あるいはコンクリートの硬化速度調整用減水剤等に用いられる。生産菌は，細菌（*Acetobacter gluconicum*, *Pseudomonas ovalis*, *Gluconobacter roseus* 等）及び糸状菌（*Aspergillus niger*, *Penicillum* 属, *Rhizopus* 属等）であるが，工業生産では *A. niger* が用いられる。発酵はでん粉加水分解物やグルコース（濃度10～30％）を原料とし，中和剤に炭酸カルシウムや水酸化ナトリウムを用いて行われ，グルコン酸はカルシウム塩やナトリウム塩として回収される。

5）フマル酸発酵

フマル酸は合成樹脂原料，清涼飲料の酸味料，あるいはアスパラギン酸やリンゴ酸等の原料として用いられる。多くの糸状菌がフマル酸を生成するが，工業的には *Rhizopus nigricans* が利用されている。濃度5～10％の糖を原料とし，炭酸カルシウムを中和剤とする培養を行い，カルシウム塩としてフマル酸〔対糖収率（使用糖量から算出される理論収

量に対する実収量の割合）約 60％〕は回収される。

6）イタコン酸発酵

イタコン酸はポリエステル樹脂や可塑剤の原料として用いられる。1929 年に梅酢からイタコン酸生産菌（*Aspergillus itaconicus*）が分離されたが，工業生産では後に発見された A. terreus が用いられている。濃度 20〜25％の糖を原料とし，pH2 程度で培養を行うと，対糖収率 40〜60％のイタコン酸が得られる。

7）コハク酸発酵

貝類，清酒やしょうゆの呈味成分であるコハク酸は，可塑剤，染料，あるいは香料等の原料としても知られており，*Brevibacterium* 属，*Bacterium* 属や *Fusarium* 属等により糖類，フマル酸やリンゴ酸等から生産されている。

(2) アミノ酸発酵

微生物によるアミノ酸の大量生産を「アミノ酸発酵」といい，工業的には細菌を利用するものが多い。一般に，微生物のアミノ酸生産代謝は，最終産物制御（「最終産物が，その生産に関与する酵素の生成を抑制する制御」と「最終産物がその生産に関与する酵素の活性を阻害する制御」の 2 種がある）によって調整されており，生育必要量のアミノ酸が生産されると，その生産が停止してしまう。最終産物制御を解除してアミノ酸の生産を持続させるために様々な工夫がなされており，このような発酵を代謝制御発酵という。

1）グルタミン酸発酵

グルタミン酸は昆布だしの旨味成分であり，発酵生産では，*Corynebacterium glutamicum*，*Brevibacterium flavum*，*B. lactofermentum*，*Microbacterium ammoniaphilum* 等が使用されている。培地中の炭素源（グルコース）や窒素源（硫酸アンモニウムや尿素等）は菌体内に取り込まれ，グルコースは解糖系から TCA 回路へと入り 2-オキソグルタル酸となる（図 2-11）。2-オキソグルタル酸がグルタミン酸デヒドロゲナーゼによって L-グルタミン酸に変換されるが，その生成濃度が一定値以上になると，制御機構が発現して変換反応は停止する。そこで工業生産では，ビオチン要求変異株（栄養要求変異株の一種で，ビオチンの生合成経路が欠損した菌）を用い，培地に添加するビオチン濃度を菌の生育可能下限（5 μg/L 程度）に制限している。これにより，リン脂質等の細胞成分の生合成が不十分となって物質透過性が高くなるため，生成 L-グルタミン酸は菌体外に漏出し，菌体内濃度が低値に維持されるので，制御機構が発現せず，L-グルタミン酸生産が持続する。なお，物質透過性を高める方法としては，オレイン酸要求株の利用，グリセロール要求株の利用，さらにはペニシリンによる細胞壁合成阻害も知られている。

2）リジン発酵

リジンは必須アミノ酸の一種で，微生物によるリジンの生産は，リジンとスレオニンによるアスパルトキナーゼへの最終産物阻害で制御されている（図 2-12）。この制御を解除

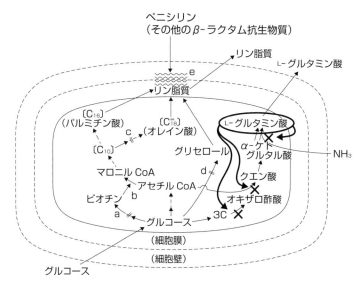

図2-11 グルタミン酸生産菌によるL-グルタミン酸の蓄積と細胞膜透過性の関係
a：グルタミン酸生産菌におけるビオチン合成の欠失，b：アセチルCoAカルボキシラーゼ，c：オレイン酸要求株の欠失部位，d：グリセロール要求株の欠失部位，e：ペニシリンによる細胞壁合成阻害
太矢印と×印はフィードバック制御の作用箇所
出典　相田 浩：応用微生物学，同文書院，1987，p.163を改変

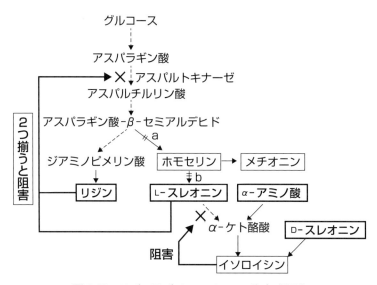

図2-12 リジン及びイソロイシンの生合成経路
a：ホモセリン要求株の欠失部位，b：スレオニン要求株の欠失部位

しリジンの大量生産を行うために，① *Corynebacterium glutamicum* のホモセリン（あるいはスレオニン）要求変異株を用い，当該栄養源の添加量を制御，②リジンのアナログ（化学構造類似物質）であるS-(2-アミノエチル)-L-システイン（AEC）に耐性を有する

Brevibacterium flavum（AEC 感受性菌は最終産物阻害により生育必要量のホモセリン生合成をできず死滅するが，AEC 耐性株では最終産物阻害が生じない場合が多い）の利用が行われている。また，③ *Escherichia coli* のリジン要求変異株によるジアミノピメリン酸生産とその脱炭酸による二段階生産法もある。

3) イソロイシン発酵

イソロイシンも必須アミノ酸であるが，化学合成法による生産では D-イソロイシンが副産物として生成する。一方，発酵法では L 型のみの生産が可能であるが，その生産は L-スレオニンからα-ケト酪酸に至る経路が，イソロイシンによる最終産物阻害で制御されている（図 2-12）。この制御を解除しイソロイシンを大量生産するために，① *Corynebacterium amagasakii* や *Bacillus subtilis* によるα-アミノ酪酸からの生産や② *Serratia marcescens* による D-スレオニンからの生産等の「前駆体添加法」が用いられている。

(3) 核酸発酵

かつお節〔5'-イノシン酸（5'-IMP）〕やしいたけ〔5'-グアニル酸（5'-GMP）〕の旨味成分は，呈味性ヌクレオチド（核酸関連物質）である。その化学構造には① プリン骨格を含む，② プリンの 6 位に -OH 基が結合，③ リボースの 5' 位にリン酸が結合，という共通点があり，グルタミン酸ナトリウムと混合して複合調味料として用いられる。微生物によるこれら物質の生産は広義に「核酸発酵」と言われ，以下の 3 つに大別される。

表 2-10　核酸発酵の種類

RNA 分解法	*Candida utilis* や *Saccharomyces cerevisiae* の培養菌体から抽出した RNA を 5'-ホスホジエステラーゼ（*Penicillium* 属や *Streptomyces* 属起源）で処理する。
発酵法と合成法の組合わせ	栄養要求変異株を用いるヌクレオチドの発酵生産〔例：*Bacillus subtilis* のアデニン及びヒスチジン要求株によるイノシン生産，あるいは同菌のプリン要求株による 5-アミノ-4-イミダゾールカルボキシアミドリボシド（AICAR）生産〕と化学合成法による発酵生産物質の呈味性ヌクレオチドへの変換。
直接発酵法	低ホスファターゼ活性の「アデニン要求性」あるいは「アデニン及びグアニン要求性」*Brevibacterium ammoniagenes* を用いて菌体の膜透過性を調整し，それぞれ 5'-IMP 及び 5'-XMP が生産されている。

(4) 抗生物質生産

抗生物質とは，「主に微生物により生産され，微生物やその他の細胞の機能を阻止する物質」である。代表的な「抗生物質（主要生産菌；作用機作）」は①ペニシリン（*Penicillium chrysogenum*；グラム陽性菌の細胞壁合成阻害），②ストレプトマイシン〔*Streptomyces griseus*；グラム陽性・陰性菌（特に結核菌）のたんぱく質合成阻害〕，③クロラムフェニコール（*Streptomyces venezuelae*；広範囲抗生物質と呼ばれ，グラム陽性・陰性やリ

ケッチアのたんぱく質合成阻害），④テトラサイクリン系抗生物質（*Streptomyces* 属；広範囲抗生物質であり，グラム陽性・陰性菌のたんぱく質合成阻害）であるが，その種類や用途は様々である。継続的な抗生物質使用によって耐性菌も出現するため，新規抗生物質の検索，菌が耐性獲得をできない抗生物質の開発研究等が日夜行われている。

(5) 酵素生産

酵素とは，「生物由来の触媒作用を有するたんぱく質系物質」である。微生物の酵素は，種類の豊富さや生産性等の面で優れており，醸造業，食品加工業，医薬品製造業，化学工業，など様々な分野で利用されている。

微生物による酵素生産では，はじめに酵素に求められる性質（例：耐熱性や耐塩性等）を有し，目的酵素の活性が高い菌の検索（スクリーニング）を行われる。次いで，目的酵素の最適生産条件（使用培地，培養法，誘導酵素であれば誘導剤の種類や添加時期等）を検討し，大量生産を行う。酵素には菌体外酵素と菌体内酵素とがあり，液体培養法による生産では，前者は培養液上清から，後者は集菌・破砕（ホモジナイズ，超音波処理，フレンチプレス処理，薬剤処理等による）した菌体から抽出される。一方，固体培養法による生産では，いずれの酵素も培養基から抽出される。抽出酵素（粗酵素という）は，塩析，有機溶媒沈殿，各種クロマトグラフィー等を経て結晶化され，精製酵素となる。

(6) その他

微生物利用の物質生産・変換技術には，他にも「環境汚染物質の定量や除去（p.108）」，「バイオプラスチック生産（p.114）」，「医薬品製造（p.133）」，「バクテリアリーチング」，「バイオ燃料生産（p.111）」等，様々なものが知られている。これら応用微生物学研究は，理工学，医科学，薬学，環境科学，社会科学などの学問分野と密接に関連して学際的な進展をし，豊かな生活の実現に貢献するであろう。

参考文献・資料

相田 浩：応用微生物学，同文書院，1987.
井熊 均：よくわかる最新バイオ燃料の基本と仕組み，秀和システム，2008.
扇元敬司：バイオのための基礎微生物学，講談社サイエンティフィク，2002.
小泉武夫ほか：酒学入門，講談社サイエンティフィク，1998.
小崎道雄・谷村和八郎：改稿応用微生物，建帛社，1996.
太木光一：新・一般食品学入門，日本食糧新聞社，1994.
チーズ＆ワインアカデミー東京：チーズ，西東社，1996.
野白喜久雄ほか：醸造学，講談社サイエンティフィク，1989.
村尾澤夫・荒井基夫：応用微生物学 改訂版，培風館，2004.
和田洋六：よくわかる最新水処理技術の基本と仕組み，秀和システム，2008.

第3章

酵素の利用

> **ポイント**　酵素は生物によって生産される生体触媒である。その触媒反応は常温・常圧で進行し，基質特異性が高い等，金属触媒にはない酵素特有の特徴が多くある。様々な分野で酵素の利用技術が開発され，現代の生活に酵素の利用は必須のものとなっている。

1. 酵素とは

　人類と酵素の関わりの歴史は非常に長く，ビール，チーズ等の発酵食品の製造に紀元前数千年から利用してきた。人々はその実体を知らないまま酵素を利用し続けてきたが，酵素が触媒能力を有するたんぱく質であると明確に知ったのは20世紀前半のことである。その後も，生物から抽出された酵素が利用されてきたが，現在と比較するとその種類も量もわずかで，利用範囲も限られていた。ところが今日では，酵素は産業分野，医療分野で幅広く用いられ，私達の今日の生活を支える必須のものとなっている。そのような状況の変化をもたらしたのは，20世紀後半からめざましく発展した遺伝子工学である。特に遺伝子組換え技術を利用することで大量に，そして安価に酵素を生産できるようになったことで，状況の変化が促された。また，酵素の安定化や高機能化等の性質改変技術は遺伝子工学をさらに発展させ，一方の発展が他方の発展を促す密接な関係性を持ちつつ，両者は現在のバイオテクノロジーの基盤技術となっている。

（1）たんぱく質の構造と機能

　遺伝子の塩基配列に従い20種類のL-アミノ酸が特定の順序でペプチド結合によって結合したポリペプチド（1次構造）が，水素結合によって局所的な立体構造（α-ヘリックス構造やβ-シート構造等）を自発的に形成する（2次構造）。2次構造を形成したポリペプチドは，水素結合に加えて，共有結合（ジスルフィド結合），イオン結合，疎水結合，ファンデルワールス力等の結合力によって，エネルギー的にもっとも安定な形をとる（3次構造）。たんぱく質の中には，複数のポリペプチドで構成されるものも多くあり，それらは3次構造を形成したポリペプチド同士が結合し，4次構造を形成している。たんぱく質の構造の特徴は，弱い力で構築されているため非常に柔軟で，ゆらいでいることである。この"ゆらぎ"が，たんぱく質が様々な機能を果たすために重要である。

結合しているアミノ酸の数がn個だとすると形成され得るポリペプチドは，20^n 種類であり，膨大になる。それらの中には，特異的な立体構造を形成し，生体にとって必須の機能を果たすものがある。例えば，生体の構造をつくる（コラーゲン，ケラチン，ヒストン等），運動に働く（アクチン，ミオシン等），抗体（免疫グロブリン），ホルモン（インスリン，成長ホルモン），運搬（ヘモグロビン等）などであり，酵素は触媒としての機能を果たすたんぱく質である。

(2) 酵素の性質

酵素はたんぱく質であるため，高温や酸，アルカリ条件下で立体構造が崩れ，機能を失う。一般的に，酵素は生体内で働くことから，生理的なpHや温度で高い反応性を示す特徴がある。酵素が持つ特徴について以下に記す。

1) 反応条件

酵素は，触媒であるためアレニウスの式に従い，温度が高ければ高いほど高い触媒能力を発揮するが，たんぱく質でもあるため高い温度で立体構造が崩れ機能を失う。この２つの性質が相まって，酵素にはもっとも反応速度が速くなる最適反応温度が存在する。酵素が機能する温度域は，その酵素を生産する生物の生育可能温度域と必ず重複するが，中には酵素分子として安定性が高く，生育温度域を遥かに超える温度でも機能する酵素も存在する。また，酵素は温度だけではなく，pHやイオン濃度等に対しても至適条件が存在する。

2) 基質特異性

酵素が反応を進めるためには，次式のように活性中心で基質と結合し，酵素・基質複合体を形成する必要がある。

$$S + E \rightarrow E \cdot S \rightarrow E + P$$
基質　　酵素　　酵素・基質複合体　　酵素　　生成物

活性中心とは，酵素分子の表面がくぼんでできた反応が起こる場である。活性中心には酵素の種類ごとに特定の形があり，さらに基質と結合するために必要なアミノ酸残基が立体的に特定の位置に配置されている。つまり，活性中心の形にあう分子で，そこに配置されているアミノ酸残基と親和性を有する分子しか基質となり得ない，非常に排他的な場となっている。このような特定の分子のみを基質とする酵素の性質を基質特異性と呼び，1894年にドイツのフィッシャーによって鍵と鍵穴の関係にたとえられている（鍵と鍵穴説）。実際には，ある酵素が特定の１種の分子のみを基質とする場合もあるが（絶対的基質特異性），アルコール脱水素酵素が炭素鎖長の異なる多くのアルコール分子を基質とできるように，性質の似た一群の分子を基質とする酵素も多く存在する（群特異的基質特異性）。

表 3-1 酵素の触媒効率

酵素	非酵素的半減期	非酵素的反応速度 (S^{-1})	酵素的反応速度 (S^{-1})	酵素/非酵素
OMP* decarboxylase	78,000,000 年	$2.8×10^{-16}$	39	$1.4×10^{17}$
Staphylococcal nuclease	130,000 年	$1.7×10^{-13}$	95	$5.5×10^{14}$
Adenosine deaminase	120 年	$1.8×10^{-10}$	370	$2.1×10^{12}$
AMP nucleosidase	69,000 年	$1.0×10^{-11}$	60	$6.0×10^{12}$
Cytidine deaminase	69 年	$3.2×10^{-10}$	299	$9.3×10^{11}$
Phosphotriesterase	2.9 年	$7.5×10^{-9}$	2,100	$2.8×10^{11}$
Carboxypeptidase A	7.3 年	$3.0×10^{-9}$	578	$1.9×10^{11}$
Ketosteroid isomerase	7.0 週	$1.7×10^{-7}$	66,000	$3.9×10^{11}$
Triose phosphate isomerase	1.9 日	$4.3×10^{-6}$	4,300	$1.0×10^{9}$
Chorismate mutase	7.4 時間	$2.6×10^{-5}$	50	$1.9×10^{6}$
Carbonic anhydrase	5 秒	$1.3×10^{-1}$	1,000,000	$7.6×10^{6}$
Cyclophilin, human	23 秒	$2.8×10^{-2}$	13,000	$4.6×10^{6}$

＊ OMP：Orothidine 5'-phosphate
出典 相坂和夫：酵素サイエンス，幸書房，1999，p. 36.

3）触媒能力

　活性中心には基質と結合するためのアミノ酸残基だけではなく，反応を進行させるために基質に働きかけるアミノ酸残基も特定の位置に配置されている。基質の多くは安定であり，そのままでは変化しないが，酵素は活性中心で基質に働きかけることで，温和な条件下で基質を不安定な状態（遷移状態）にし，生成物へと変化させる。その効率は一般的な化学反応で用いられる触媒よりも高く，中には反応速度を 10^{17} 倍に速めるものも存在する。

4）阻害剤

　酵素の活性中心に結合できるが，酵素による働きかけを受けずに遷移状態とならない化合物が存在する。そのような化合物が活性中心に結合していると基質が結合できないため，その間酵素は反応を進行させることができず，反応速度が低下することになる。このような化合物を酵素の阻害剤と呼ぶ。そのような化合物の中には，活性中心で共有結合を形成してしまい，活性中心から離れなくなってしまうように人工的に設計されたものも存在する（自殺基質）。このような特定の酵素の機能を低下させたり失わせる阻害剤の性質は，酵素をターゲットとした医薬品の開発で重要となっている。

表 3-2　酵素の分類

酵素	例	主な作用
①酸化還元酵素	アルコール脱水素酵素	酸化還元反応を触媒するすべての酵素
②転移酵素	アミノ転移酵素	メチル，アシル，グリコシルやリン酸基などの残基を供与体から受納体へ転移させる酵素
③加水分解酵素	アミラーゼ	最もよく知られた酵素群で，慣用名は加水分解される基質名に -ase をつけて命名する。
④分裂酵素	ピルビン酸デカルボキシラーゼ	C-C，C-O または C-N 結合を加水分解または酸化以外の方法で分裂させる酵素
⑤異性化酵素	グルコース異性化酵素	分子内での変化を促進する酵素（ラセミ化，エピメリ化，シス・トランスの異性化酵素など）
⑥結合酵素（合成酵素）	アセチル CoA シンテターゼ	ATPのピロリン酸結合の加水分解を伴って，2つの分子を結合させる酵素，生成する結合は C-O，C-S，C-N，C-C とリン酸エステル結合など

出典　相田　浩編著：バイオテクノロジー概論，建帛社，1995，p. 128.

（3）酵素の種類と分類

　1811年にキルヒホフが麦芽抽出液によってでん粉から麦芽糖を生成することを見いだし，1833年にペイアンとペルソーがそのアルコール沈殿物にも同様の活性があることを認め，それをジアスターゼと命名して以来，しばらくの間，酵素命名のルールはなかった。1898年にデュクローによって基質の名称に「アーゼ（ase）」をつけて酵素名とすることが提案されたが，酵素研究が進み，多くの酵素が発見されてくると，1つの基質がいろいろな酵素の作用で異なる生成物になる例が多く知られるようになった。そこで，1955年に国際生化学会議にて酵素の命名と分類についての国際委員会が設置され，酵素が触媒する反応の形式によって酵素を6つに分類（酸化還元酵素，転移酵素，加水分解酵素，脱離酵素，異性化酵素，合成酵素）し，その形式名と基質名をもとに酵素を命名する等のルールが決められた。なお，その際に公開された酵素表には707種の酵素が収録されていた。それ以降，毎年新たな酵素が発見・登録され，現在では4,000種を超える酵素が知られている。

2. 酵素の生産と利用技術

　現代の酵素の生産及び利用技術は，微生物学，生化学，分子生物学，遺伝子工学やたんぱく質工学に関わる幅広い知見と技術が結集したものである。

2. 酵素の生産と利用技術

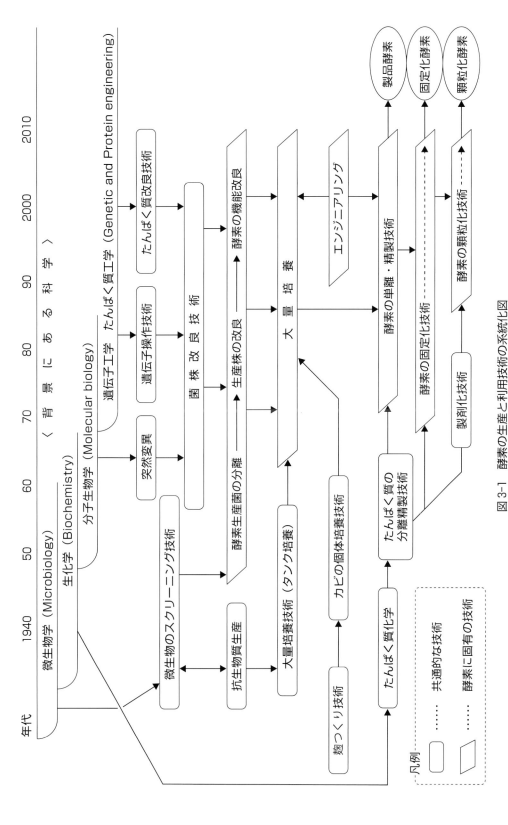

図3-1 酵素の生産と利用技術の系統化図

出典 中森 茂:国立科学博物館 技術の系統化調査報告第14集, 独立行政法人国立科学博物館. 2009. p.180.

(1) 酵素のスクリーニング

1) 酵素源としての動物，植物，微生物

　すべての生物は，その代謝活動を行うために酵素を生産している。酵素源となり得る条件は，目的の酵素を生産していること，安定的な供給が可能なこと，生産コストと得られる利益のバランスをとれること，を満たしていることである。微生物に関する知見が少なかった酵素利用の歴史の初期においては，動物の臓器や植物の種子が主な酵素源であった。現在は，多様な生息環境や多様な種が存在することから微生物が主な酵素源となっている。

2) 生産菌株のスクリーニング

　生産菌株のスクリーニングとは，無限に存在するとも思える微生物の種・株の中から，目的の酵素を生産するものを分離することである。これには，微生物学の微生物分離と純粋培養という基本的技術に加え，目的の生産物を生産していることを簡易に検査できるスクリーニング系の構築が必須となる。

3) 生産菌株の育種改良

　多くの場合，生産菌株のスクリーニングで取得された微生物は，目的酵素を生産はするが，その量が少ない。そこで，生産菌株の育種改良が試みられる。対象が細菌や酵母の場合には菌体そのものを，カビや放線菌の場合は胞子を，紫外線，X線，重イオンビーム等の物理的変異原やニトロソグアニジン，エチルメタンスルホン酸等の化学的変異原にさらすことにより遺伝子の突然変異を誘発する。これらの処理によって大部分の微生物が死滅するが，生き残ったものには多くの突然変異が生じているため，目的の酵素の生産量が増加したり，酵素の触媒能が増加することで酵素力価が上昇した株を選抜する。さらに選抜株を親株として同様の作業を行うことで，生産菌株の育種改良が行われる。

4) メタゲノム

　生産菌株のスクリーニングや分離株の育種改良は，それらを人が培養できることを前提としている。生産菌株のスクリーニング源である環境試料を顕微鏡で観察すると多種多様な微生物が観察される。しかし，その試料を寒天培地上に接種し培養することで形成されるコロニーを一つ一つ顕微鏡で観察すると，環境試料に存在していたが寒天培地上で増殖していないものがいることがわかる。このような，人が利用できる微生物用培地で培養することができない難培養微生物が多く存在し，その割合は99%以上であると言われている。つまり，人が培養することができる微生物のほうが特別な存在であり，難培養微生物の方が圧倒的に多い。これら難培養微生物も多様な酵素を生産しているが，培養することが前提の生産菌株のスクリーニングや育種改良を行えない。そこで，環境試料から微生物を分離するのではなく，それらのDNAを直接分離し解析したり，人工染色体（プラスミド）に連結し，培養できる微生物（大腸菌等）で難培養微生物の酵素を作らせ調査するメタゲノム手法が遺伝子工学の発展に伴い可能となり，目的酵素の取得が行われている。

表 3-3 酵素機能の人工的改変例

1) 酵素の機能の改良
- (a) 触媒効率（ミカエリス定数 K_m, 分子活性 k_{cat}）
- (b) 基質特異性（立体特異性, 光学特異性）
- (c) コファクター要求性
- (d) 至適反応条件（pH, 温度, 基質濃度）
- (e) 活性発現の調節（アロステリック調節）

2) 酵素の物質の改良
- (f) 安定性（耐熱性, 耐酸性, 耐アルカリ性, 耐酸化性, プロテアーゼ抵抗性, 阻害剤耐性）
- (g) 有機溶媒中での活性と安定性
- (h) 分子量, サブユニット構造
- (i) 精製効率の向上（精製用タグの導入）

出典　相坂和夫：酵素サイエンス, 幸書房, 1999, p.126.

(2) 酵素の機能改変

　生物が生産する酵素は，自然変異によって長い年月をかけて少しずつ変化し，その変化が生産生物の生育にとって有利な場合には，次世代に受け継がれることで分子進化している。酵素の人工的な機能改変は，それを短期間で成し遂げる試みである。

　クラークらは，1960年代後半から微生物の変異原処理と微生物選抜用培地を工夫することで，親株がもつアミダーゼの基質特異性を変化させることに成功した。この一連の研究は，後のたんぱく質工学，分子進化工学の先駆的研究に位置づけられる。また，1970年代前半のベルグやコーエンらによるDNA組換え技術（遺伝子工学）の開発とその後の発展によって，異なる生物が生産する酵素を容易に大腸菌等の微生物で酵素を生産できるようになった。さらに，酵素（たんぱく質）の立体構造の情報と遺伝子工学を組み合わせることによって，偶然ではなく意図的に酵素（たんぱく質）の機能を改変するたんぱく質工学が可能になった。現在では，このたんぱく質工学やそれをさらに発展させた分子進化工学の手法によって，工業的に利用されている酵素の多くが作成されている。

1) 部位特異的変異導入法

　酵素は20種類のアミノ酸で構成され，そのアミノ酸配列順序によって立体構造や触媒能力，基質特異性等の性質が決まるため，ある箇所のアミノ酸残基が別のアミノ酸に変わると性質が変化することがある。そして，ある程度酵素の構造と機能の関係が明らかとなっている場合には，あるアミノ酸残基を別の残基に置換すれば，目的に適うような機能改変が可能であると予想できることがある。そのような時には，目的酵素遺伝子の計画的な塩基置換と，その遺伝子の大腸菌等での発現で，部位特異的なアミノ酸置換がなされた変異酵素を取得することができる。現在，その手法としてPCR（ポリメラーゼ連鎖反応）を用いる方法がよく使用される。これは，DNAプライマーの合成コストの低下，正確性の高いDNAポリメラーゼの開発と販売が背景としてある。PCRを用いた部位特異的変

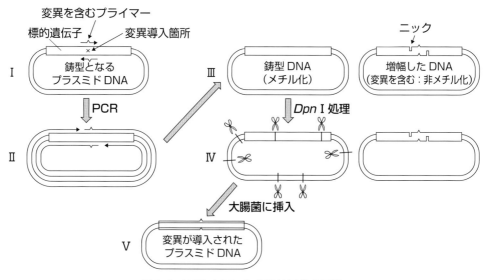

図3-2 PCRを用いた部位特異的変異法

I. 目的遺伝子を連結したプラスミドDNAをPCRの鋳型として用いるために準備し，変異導入予定箇所に結合する変異を含むDNAプライマーを設計・合成する．IIとIII. それらを用いてPCRを行うと，残存する少数の鋳型プラスミド（変異導入なし）と増幅された多数のプラスミド（変異導入あり）が反応液に含まれる状態となる．IV. 鋳型プラスミドは，通常大腸菌を用いて調製されているため*Dpn*Iが認識する塩基配列がメチル化されているが，PCRで増幅したプラスミドは*Dpn*I認識部位がメチル化されていない．*Dpn*Iは，その部位がメチル化されている場合のみDNAを切断するため，変異導入されていない鋳型プラスミドのみが分解される．V. 大腸菌に変異導入されたプラスミドを挿入すると，増幅プラスミド上に存在する切れ目（ニック）が修復され，かつ大腸菌が増殖することで変異導入されたプラスミドDNAも増幅される．
　出典　小宮山　眞監修：酵素利用技術体系，エヌ・ティー・エス出版，2010，p. 485．を改変

異導入法では，計画的な1塩基の置換による1アミノ酸残基の置換だけではなく，複数の塩基置換や欠失，挿入による複数のアミノ酸残基の置換，欠失，挿入，さらには100 bp程度のDNAプライマーを用いることで30残基程度の目的箇所へのペプチドの挿入も可能になる．

2）ランダム変異法

　部位特異的変異法は，立体構造と機能に関するある程度の情報が変異酵素の設計に必要であるが，情報がないために不可能なこともある．そのような場合には，目的酵素の遺伝子にランダムに変異を導入し，構築した膨大な変異集団から性質が改良された酵素を選抜し取得する方法がある．そのようなランダム変異法の長所として，理論的に想像できない部位への変異導入によって有用な変異酵素が取得される場合があることがあげられる．クラークらが行った先駆的研究もこのランダム変異法を用いている．手法としては，PCRを用いる方法（error-prone PCR）や高頻度の変異を起こしやすい大腸菌（*E. coli* XL1 RED等）を用いる方法がある．通常のPCRではDNAポリメラーゼが忠実に鋳型DNAを増幅するように工夫をするが，error-prone PCRでは，複製エラーを起こさせるように

工夫する。具体的には，PCR反応液中のMg^{2+}濃度を制御することで，DNAポリメラーゼの複製エラー率をある程度制御することができる。

3) 分子進化工学

ランダム変異法で酵素遺伝子に変異を導入し，それを大腸菌等で発現させた後，合成される酵素の性質を調べ，目的の性質を獲得した酵素をコードする遺伝子を獲得する。その変異酵素遺伝子に同様の操作を行うことで，人為的に，そして自然変異に比べてはるかに短時間で酵素の特定の機能に対する（効率的な進化）を成し遂げることができる。

一方で，異なる箇所のアミノ酸置換が，同じ性質を獲得する分子進化を導くことがある。そこで，別個の分子進化の可能性も取り込んで，さらに効率良く分子進化を成し遂げる試みがDNAシャッフリングである。この方法では，複数の改変酵素の遺伝子を切断し，それを遺伝子プールとしてプライマーレスPCRで再結合する。それらを網羅的にプラスミドに連結して大腸菌で発現することで複数の目的変異酵素を取得する。それら変異酵素遺伝子に対して同様の操作を行うことで異なる分子進化の可能性（アミノ酸置換）も取り込み，効率的に定方向進化を成し遂げることができる。

(3) 酵素の生産

生産株の改良あるいは目的酵素遺伝子の改良の後，試験管やフレスコレベル，パイロットスケールでのテストを行い，実用レベルでの酵素生産にスケールアップする。多くの場合，微生物由来の酵素を生産する，あるいは異種の酵素を微生物に生産させるため，酵素の生産は微生物の大量培養によってなされる。

1) 固体培養

微生物は，培養条件によって転写・翻訳される遺伝子が変化することが知られている。固体培養，液体培養についても同様の現象が生じ，固体培養でなければ作られない酵素が存在する。実用レベルの固体培養では，こむぎやこめ等をベースにした固体培地に目的酵素を生産する微生物を接種し，培養する。

2) 液体培養

液体培養は，固体培養にくらべ，スケールアップが容易，pHや溶存酸素量など培養条件の制御が容易等の利点がある。通常，ジャーファーメンターや発酵タンク等の通気撹拌培養装置が用いられる。培養装置のシステム構成は，発酵タンクと空気殺菌装置，培地殺菌装置，温度制御装置，pH制御装置，全体系の殺菌装置から構成される。

3) 大腸菌を用いたたんぱく質生産

大腸菌は，遺伝子操作系が早くから開発され，培養も容易なことから，異種生物のたんぱく質の生産のための宿主として広く利用されている。様々な性質を持つ大腸菌株や発現用ベクターも開発されており，適する条件がそろった場合には，大腸菌が本来持つ遺伝子由来のたんぱく質よりも多く目的酵素（たんぱく質）が生産されることもある。

第3章　酵素の利用

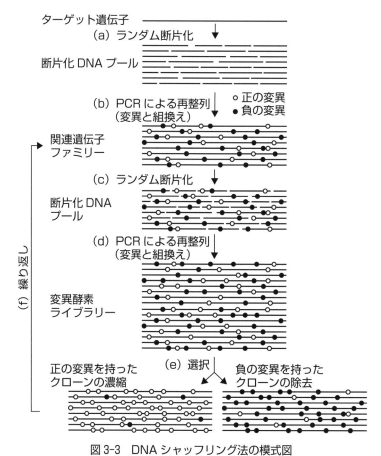

図3-3　DNAシャッフリング法の模式図
出典　相坂和夫：酵素サイエンス，幸書房，1999，p. 139.

　異種の酵素を大腸菌で生産する場合に，その酵素遺伝子のコドン（3個で1組の遺伝暗号）の使用頻度が生産量に大きく影響する。例えば，大腸菌は6つあるアルギニンのコドン（CGU, CGC, CGA, CGG, AGA, AGG）のうち，CGA, CGG, AGA, AGGの使用頻度が少ない。つまり，異種酵素に大腸菌のマイナーコドンが多く含まれていると生産量が低下することになる。このような場合には，目的酵素遺伝子に対して部位特異的変異法を用い，アミノ酸残基が変化しないように大腸菌で使用頻度の高いコドンに変換するか，マイナーコドンが多数あっても生産量が低下しないように開発された大腸菌を用いる必要がある。また，大腸菌で可溶性たんぱく質を大量に生産させた場合，しばしば翻訳されたポリペプチドが正常な立体構造を構築できずに絡まり合うことで，封入体と呼ばれる凝集体を形成することがある。このような場合には，低温で培養したり，培地の栄養分を少なくしたり，弱いプロモーター下に目的たんぱく質遺伝子を挿入したりする等，たんぱく質の合成スピードを低下させることで目的たんぱく質の立体構造が正常に構築される場合がある。

4）大腸菌以外の細胞を用いたたんぱく質生産

真核生物の遺伝子を大腸菌で発現させた場合，高い確率で封入体を形成する。これは，真核生物由来のたんぱく質の多くが糖鎖の付加などの翻訳後修飾を受けているためと考えられる。翻訳後修飾が酵素の正常な立体構造の構築・維持や機能発現に必要な場合には，大腸菌以外の細胞を用いた酵素の生産を試みる必要がある。そのような細胞として，酵母，カビ，昆虫，動物が利用されている。これら真核細胞では，翻訳後修飾が行われるため，真核生物の遺伝子を正常に発現できる可能性がある。それぞれの酵素を生産するための各種真核細胞にはそれぞれ一長一短があり，例えば，酵母には取り扱いやすさ，昆虫細胞には培養に血清を用いなくてよい等の長所がある。動物細胞には酵母や昆虫細胞にはない長所として複雑な構造や翻訳後修飾を持つ高等真核生物（ヒト等）の酵素の生産がほとんどの場合において問題なく可能である。しかし生産性が低く，生産コストが高いという短所もある。2006年度における米国とEUで販売されているたんぱく質医薬品107品目のうち，大腸菌を用いて製造されているものが42%，酵母（*Saccharomyces cerevisiae*）が21%，動物細胞（CHO細胞）が29%であり，大腸菌以外の細胞を用いたたんぱく質生産も産業レベルで使用されている。

（4）酵素の精製

微生物や酵素生産用細胞を大量に培養した培養液には，酵素だけではなく培地成分，微生物や細胞が生産するたんぱく質や構成成分，代謝産物が数多く存在する。酵素の精製は，それら夾雑物を除去し，目的酵素の純度を上げる工程である。使用用途によって，求められる精製度が異なる。

酵素の精製は，目的酵素が培地中に分泌される場合には，培地を濃縮することから始まる。一方で菌体内に生産される場合には，ブレンダーの使用や凍結融解，自己消化，細胞壁溶解酵素の使用，超音波破砕等の方法で菌体を破砕し，その内容物を取り出す必要があ

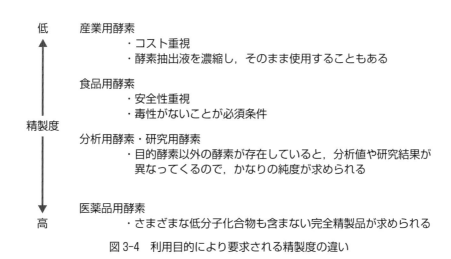

図3-4　利用目的により要求される精製度の違い

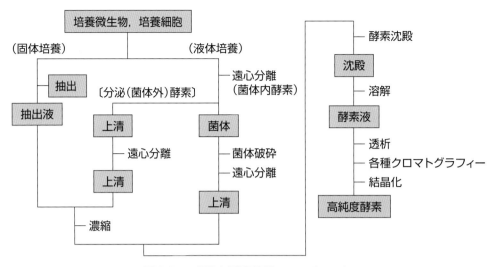

図3-5 一般的な酵素精製フローチャート
出典　中森 茂：国立科学博物館 技術の系統化調査報告 第14集，独立行政法人国立科学博物館，2009，p. 151. を改変

る。さらに遠心分離やろ過を行い，酵素を含む部分を回収する。分泌酵素の場合には，遠心分離で菌体を除去する。大量の酵素を生産する多くの場合，こうして得られた酵素液にアルコールやアセトン，硫酸アンモニウム等を添加したり，pHを調整することで酵素の溶解度を低下させ，酵素を沈殿させる。その沈殿を回収することで，純度と濃度が高まる。次に，酵素はアミノ酸が多数結合した分子量の大きい分子であるため，透析膜を用いて低分量化合物を除去することで純度を高める。さらなる精製が必要な場合，酵素とその他の夾雑たんぱく質等との電荷や疎水度，分子量の違いを利用したクロマトグラフィーによる分画を行う。用途が医薬品用であれば，最後に酵素の結晶化を行う場合もある。

(5) 酵素の利用技術
1) 酵素の固定化

使用目的に応じて純度が高められた酵素を利用する際，溶液状態のまま使用すると1回の反応毎に酵素を廃棄する必要があり，また，生成物と酵素を分離する必要がある場合には，酵素を除去する工程が必要となる。そのような場合には，酵素を水に溶けない状態に加工すること（酵素の固定化）が有用である。酵素を固定化することによって，活性が低下することも多くあるが，安定性の増大，反応後の酵素の回収（除去）が容易，酵素の再利用が可能等の利点もある。産業用途での酵素利用技術において酵素の固定化は重要である。

酵素の固定化は，大きく担体結合法，架橋法，包括法の3つに分類される（図3-6）。担体結合法は，水に溶けない樹脂等の担体に酵素を物理的吸着，イオン結合，共有結合で

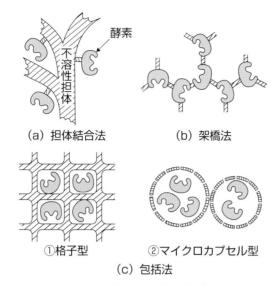

図3-6　酵素の固定化の模式図
出典　辻坂好夫ら編：応用酵素学，講談社，1979, p. 27.

固定化する方法である。酵素の固定化には共有結合が多く使用されている。架橋法は，官能基を2つ以上もった化合物を酵素表面に位置するアミノ酸残基の官能基と反応させて，酵素同士を架橋し，水に溶けなくする方法である。包括法は，高分子のゲルマトリックスの格子の中に酵素を閉じ込める格子型と半透性（酵素を外に出さないが基質は出入りできる穴が空いている）皮膜のマイクロカプセル中に封入するマイクロカプセル型がある。通常，固定化酵素は筒に詰められ使用される。その筒の中を基質が通り抜ける間に生成物に変換されるのである。

　これら3つの固定化法の原理は，1950年代に確立し，その後新たな担体の開発や固定化法の改良が行われてきたが，新たな固定化法は提案されてこなかった。しかし，1990年代に，遺伝子工学の発展によって酵母菌体の表層（細胞膜や細胞壁）に目的酵素を提示する技術が開発された。この細胞表層工学と呼ばれる技術は，酵母等の細胞そのものを固定化担体として利用しているといえる。細胞表層工学の画期的なメリットは，細胞の増殖によって固定化酵素を再生，増幅できるということである。遺伝子組換え生物の食品への利用は難しいが，その他の分野で大きな可能性をもつ技術である。

2）酵素の顆粒化

　酵素が利用される際の形状が粉末であることも多い。例えば，粉末状洗濯用洗剤等での利用である。洗濯用酵素の洗剤への利用が始まった1960年代当時，酵素粉末の飛散によって呼吸器疾患やアレルギー症状を呈する工場の作業員や消費者がでてしまった。そこで，酵素粉末の顆粒化が行われるようになった。酵素の顆粒は，大きさや強度，基材やコーティングが異なるもの（プリル顆粒，マルメ顆粒，T顆粒，CT顆粒，BG顆粒，MG

3) 酵素の化学修飾

多くの動物細胞の外側表面には、糖衣と呼ばれる構造体が存在する。この糖衣は、細胞膜に存在する膜たんぱく質に結合している糖鎖であるが、糖鎖中に存在する硫酸基やカルボキシ基によって糖鎖は負に荷電しているため、動物細胞の表面も負に荷電している。この性質から、酵素表面を正に荷電させれば、速やかに細胞表面に吸着し、エンドサイトーシス様の経路で細胞内に取り込まれる。酵素の表面を正に荷電させる方法として、ジアミンカチオン化法、カチオン性ポリマー法等がある。また、医薬分野での酵素の利用を考えると、異種たんぱく質は免疫系を刺激し体内から排除されたり、アレルギー反応を引き起こしてしまう。ラットを使った動物実験では、がん化細胞が大量に要求するアスパラギンの血中濃度を低下させることで抗腫瘍効果が認められるアスパラギナーゼをそのまま血中投与しても、30分後には消失してしまう。そこで、ポリエチレングリコール（PEG）で酵素表面を修飾することで、3週間後でも血中に酵素活性が残存し、動物実験だけでなく、急性リンパ性白血病患者に対する臨床試験でもPEG修飾アスパラギナーゼによる抗腫瘍効果が認められるようになった。酵素のPEG修飾は、代謝欠損治療に使用される酵素等の体内停滞時間の延長や抗原性の消失等、酵素が持つ薬効強化を目的に開発が進められている。

3. 酵素の利用

酵素は、温和な条件下で優れた触媒能力を発揮し、基質や反応に高い特異性を示す。このような酵素の性質をうまく利用し、現代では、医療分野（消化酵素、治療用酵素、医療素材用酵素、診断用酵素）、化成品分野（化成品合成用酵素）、食品分野（食品・調味料製造用酵素、改質用酵素、でん粉加工用酵素、品質低下防止用酵素）、トイレタリー分野（洗剤用酵素、洗浄用酵素）、農林水産分野（農薬用酵素、飼料添加用酵素）、エネルギー分野（バイオマス分解用酵素）、環境分野（ポリマー合成用酵素、汚染物質分解用酵素）、試薬分野（分子生物学・遺伝子工学用酵素、検出用酵素）等の幅広い分野で実用化及び開発がなされている。これらの中で、市場規模の大きいでん粉加工用酵素と洗剤用酵素を紹介する。

（1）でん粉加工用酵素

でん粉は、グルコース同士が$\alpha\text{-}1,4$結合のみ、あるいは$\alpha\text{-}1,4$結合と$\alpha\text{-}1,6$結合で多数重合した化合物である。でん粉加工用酵素には、このでん粉を基質とし分解するいくつかの酵素と、それらの生成物を基質とする酵素がある。

表 3-4 酵素の利用・開発例

分野	酵素名	用途
医療分野	タカジアスターゼ	消化剤
	プロメラニン	抗炎症剤
	ウロキナーゼ	壊死組織の分解・創傷面の浄化・血栓溶解
	カリクレイン	血管拡張剤
	ラクターゼ	乳糖不耐症による消化不良改善
	ウレアーゼ	人工透析
	グルコースオキシダーゼ	血糖値測定
	コレステロールエステラーゼ	コレステロール量測定
化成品分野	リパーゼ	光学活性アルコール製造
	アシラーゼ	半合成ペニシリン製造
	アミダーゼ	アミノ酸アミド製造
	ニトリルヒドラターゼ	アクリルアミド製造
食品分野	アミラーゼ	でん粉分解による各種糖類の製造
	ペクチナーゼ	果汁の清澄化
	ナリンジナーゼ	果汁の苦味除去
	レンネット	チーズの製造
	パパイン	肉の軟化
	グルコースイソメラーゼ	異性化糖の製造
	サーモライシン	アステルパーム製造
	ホスホリパーゼ	油の脱ガム
トイレタリー分野	アミラーゼ	糖質の汚れ除去
	プロテアーゼ	たんぱく質の汚れ除去
	リパーゼ	脂質の汚れ除去
	セルラーゼ	衣類の汚れ除去効果の向上，柔軟性向上
	デキストラナーゼ	歯磨剤
農林水産分野	キチナーゼ	バイオ農業
	フィターゼ	家畜のフィチン態リンの利用率向上
エネルギー分野	セルラーゼ	バイオエタノール製造
	ヘミセルラーゼ	バイオエタノール製造
環境分野	リパーゼ	生分解性ポリマー製造
	ペルオキシダーゼ	排水処理（フェノール排液）
	デハロゲナーゼ	有機ハロゲン化合物分解
試薬分野	DNA ポリメラーゼ	PCR 法
	ルシフェラーゼ	酵素免疫測定法

1）でん粉分解酵素

でん粉は，多数のグルコースが結合した多糖で水に溶けない。そこで，でん粉中のα-1,4結合をランダムに切断するα-アミラーゼを作用させる。この反応によって，でん粉は分子量が適度に小さくなり水に溶けるようになる。そのためα-アミラーゼは液化アミラーゼとも呼ばれる。

第3章 酵素の利用

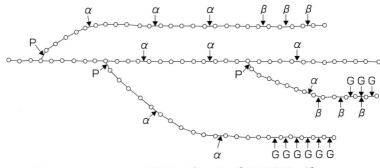

○：グルコース　　　α：α-アミラーゼ　　G：グルコアミラーゼ
↓：酵素の切断箇所　β：β-アミラーゼ　　P：プルラナーゼ（イソアミラーゼ）

図3-7　各種でん粉分解酵素の作用
出典　相田 浩編著：バイオテクノロジー概論，建帛社，1995，p.130.

　液化でん粉に，でん粉からグルコースが3つ結合したオリゴ糖を生成するマルトトリオース生成α-アミラーゼとα-1,6結合を切断するプルラナーゼを収量向上のために作用させるとマルトトリオースが生産される。マルトトリオースは，砂糖にくらべてまろやかな甘味をもつ，保湿性が高い，でん粉の老化抑止効果等の特徴・機能をもつため，和菓子，洋菓子，キャンディー，佃煮，各種のタレ，飲料等の食品に利用されている。また，臨床検査における血中α-アミラーゼの測定にも用いられる。

　液化でん粉に，でん粉の端からグルコース2つ単位で順次切断していくβ-アミラーゼとプルラナーゼを作用させると，水飴やマルトースシロップの原料となる「マルトース（麦芽糖）」が生産される。加えて，でん粉中分解物のグルコースとグルコースの結合の仕方を変えるトランスグルコシダーゼを作用させると，「イソマルトオリゴ糖」が生産される。マルトースは，砂糖の40%の甘味をもつため，和菓子の甘味料として低甘味の砂糖代替甘味料として用いられたり，ヒト体内でインスリンを必要とせずにエネルギー源として利用されるため輸液にも使用される。イソマルトース等のイソマルトオリゴ糖は，有用な腸内細菌の生育促進効果があるといわれている。

　液化でん粉に，でん粉の端からグルコース1つ単位で順次切断していくグルコアミラーゼとプルラナーゼを作用させると，「グルコース」が生産される。グルコースは砂糖の約60%の甘味度をもち，飲料，菓子等の食品の甘味料として用いられる。またエネルギー源として輸液に加えられたり，ソルビトール，アミノ酸等の化学工業原料にも使用される。

2）シクロデキストリン生成酵素（CGTase）

　液化でん粉にCGTaseを作用させると，「シクロデキストリン」が生産される。シクロデキストリンは，グルコース6〜8個の環状化合物（グルコース6つ：α-CD，7つ：β-CD，8つ：γ-CD）で，外側が親水性，内側が疎水性であるため，溶液中の化合物を環の内側にとらえ，その化合物の物性を安定化させる作用がある。そのため，香気化合物の安定化，酸素や紫外線，水で分解される化合物の安定化，水に溶けにくい化合物の可溶

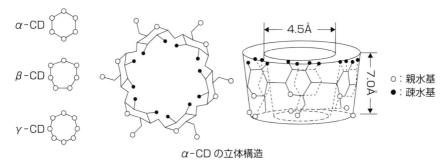

図3-8 シクロデキストリン
出典 相田 浩編著：バイオテクノロジー概論，建帛社，1995，p.131.

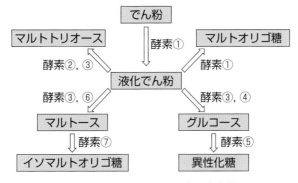

図3-9 でん粉加工用酵素と生産物
① α-アミラーゼ，② マルトトリオース生成アミラーゼ，③ プルラナーゼ，
④ グルコアミラーゼ，⑤ グルコースイソメラーゼ，⑥ β-アミラーゼ，
⑦ トランスグルコシダーゼ

化，苦味のマスキング，医薬や食品の有用成分の吸収性の向上を目的に様々な食品に使用されている。

3）グルコースイソメラーゼ

グルコース溶液にグルコースイソメラーゼを作用させると，グルコース（ブドウ糖）58％とフルクトース（果糖）42％を含む異性化糖が生産される。この42％異性化糖は「ブドウ糖果糖液糖」と呼ばれ，フルクトースが強い甘味を呈するため，砂糖と同程度の甘味を呈し，砂糖の代替甘味料として広く加工食品に使用されている。このブドウ糖果糖液糖からフルクトースを分離し，ブドウ糖果糖液糖に加え，甘味を増強したのが「果糖ブドウ糖液糖」である。

（2）洗剤用酵素

一般的に洗剤は，界面張力の低下，可溶化，分散によって汚れを除く界面活性剤と水の中のミネラル分を取り除くことで洗浄効果を高めるキレートビルダー，洗浄液をアルカリ性に保つアルカリビルダー，そして蛍光増白剤や漂白剤等の成分で構成されている。そのため，洗剤用酵素には，アルカリ性でよく働き，界面活性剤や漂白剤で活性を失わず，カルシウムイオンを活性発現に必要としない性質が求められる。また日本の一般家庭では，

洗濯をする際，水道水を温めずにそのまま使用するため，低い温度でもよく働くことが求められる一方で，汚れの多い衣類を洗うことが多い業務用では高い温度で洗うため，高温での安定性も求められる。

洗剤用酵素として，最初に使用されたのはたんぱく質の汚れを分解するプロテアーゼであった。このプロテアーゼは，*Bacillus licheniformis* が生産する酵素で，pH 8〜10, 60℃で高い活性を示す酵素であった。その後，同菌の好アルカリ性変異株からpH 12でも高い活性を示す酵素が取得され製品化され，続いて *B. clausii* から最も高い活性は55℃で示すが低温でもよく働き，pH 12でも十分に活性を示すプロテアーゼが発見され製品化された。この *B. clausii* のプロテアーゼをベースに部位特異的変異法を用いて，漂白剤に対して安定性が高い変異酵素が開発され，これも製品化されている。一方で，*B. licheniformis* のプロテアーゼをベースにランダム変異法を用いて，冬場の水道水を使用しても高いたんぱく質の汚れの除去効果をもつ低温プロテアーゼも開発されている。

汚れにはたんぱく質の汚れだけではなく成分の異なる汚れもある。そして，それらを分解除去する酵素もある。でん粉の汚れを分解するアミラーゼ，油の汚れを分解するリパーゼ，衣類の繊維に入り込んだ汚れを効率的に洗い出すセルラーゼ，衣類の色移り防止効果があるペルオキシダーゼ等である。これらの酵素も洗剤用プロテアーゼと同様に洗剤用酵素として求められる条件を満たすように開発されている。なお，これらの酵素には洗剤用プロテアーゼに分解されにくいという性質も求められる。

このように，1960年頃から洗剤に酵素が添加され始めたが，それ以降，求められる性質を高度に満たす種々の酵素を生産する微生物をスクリーニングし，また取得された酵素をたんぱく質工学・分子進化工学的手法で改良し続け，現在に至っている。

参考文献・資料

相坂和夫：酵素サイエンス，幸書房，1999.
相澤益男監修：最新酵素利用技術と応用展開，シーエムシー出版，2001.
相田 浩編：バイオテクノロジー概論，建帛社，1995.
稲田祐二編：たんぱく質ハイブリッド ここまできた化学修飾，共立出版，1987.
今中忠行監修：酵素の開発と応用技術，シーエムシー出版，2011.
上島孝之：酵素テクノロジー，幸書房，1999.
大西正健：酵素の科学，学会出版センター，1998.
數岡孝幸：発酵食品の製造と微生物，日本技能教育開発センター，2014.
軽部征夫：酵素応用のはなし，日刊工業新聞社，1986.
小宮山眞監修：酵素 利用技術体系 基礎・解析から改変・高機能化・産業利用まで，エヌ・ティー・エス出版，2010.
左右田健次編著：生化学 −基礎と工学−，化学同人，2001.
辻坂好夫ら編：応用酵素学，講談社，1979.
独立行政法人国立科学博物館産業技術史資料情報センター編：国立科学博物館 技術の系統化調査報告第14集，独立行政法人国立科学博物館，2009.

第4章

遺伝子工学技術への利用

ポイント　遺伝情報の全てがゲノムである。ヒトの遺伝子構造とセントラルドグマの分子機構や様々な生物のゲノム保持機構が解明されたことにより，遺伝子を操作する遺伝子工学技術が開発されたことを理解する。ゲノム科学の基礎を熟知して，新たな革新的技術が理解できる能力を高める。

1. ゲノムとは

　遺伝子は生物の生命の設計図であり，塩基であるDNA（デオキシリボ核酸）が結合して構成されている。遺伝子（gene）は遺伝情報の単位であり，子孫に受け継がれる全ての情報を担っている。遺伝情報の全てがゲノム（genome）であり（遺伝子「gen-」と全てを意味する「-ome」を合わせてのゲノム「genome」と称する），生命に必要な全てのたんぱく質を規定する情報源である。ヒトの一倍体（ハプロイド）ゲノムに含まれるDNAは30億塩基対であり，26,000〜30,000の遺伝子をコードしている。一倍体ゲノムの1セットは母親からのセットであり，他1セットは父親からのセットである。真核生物の

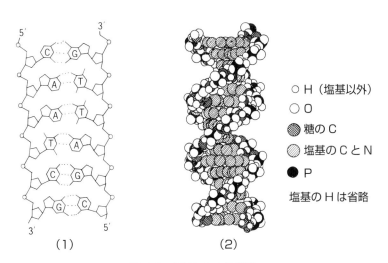

図4-1　DNAの立体構造
(1) は模式図；白丸はリン酸，それに続く五角形は糖，A，C，G，Tはそれぞれ4種の塩基，左右の鎖の間の点線は水素結合を示す。(2) は分子模型。
　出典　Lehninger A. L., et al.: Principles of Biochemistry, 2nd ed., 1993.
　　　　太田次郎：遺伝子工学入門，オーム社，1983．よりそれぞれ一部改変

第4章　遺伝子工学技術への利用

1つの体細胞には2セットのゲノム，即ち二倍体ゲノムとして存在している。ヒト二倍体ゲノムは，23対の染色体に分かれて存在している。ウイルスや原核生物のゲノムは直鎖状あるいは環状DNA分子である。真核生物のゲノムには，核に存在するゲノムとミトコンドリア内のゲノム，植物には葉緑体内にクロロプラストゲノムがある。ゲノムサイズは，一般的に機能の複雑さに依存して塩基数を増していき，大腸菌で470万個，酵母で2千万個，線虫で1億個，ハエで2億個の塩基となる。

(1) ゲノムDNAの構造

遺伝子を構成するDNAは，4種のデオキシヌクレオチドが3'-,5'-ホスホジエステル結合によって重合体を形成している。二重らせん構造を構成するヌクレオチド鎖の1本の鎖は5'→3'に，もう1本の鎖は3'→5'に向いており，逆方向平行構造（antiparallel）となっている。二本鎖DNA分子における遺伝情報は一方の鎖に存在して，鋳型鎖（アンチセンス鎖）といい，RNAへと転写される時にコピーされるDNA鎖であり，非コード鎖（noncoding strand）とも呼ばれる。もう一方の鎖は，たんぱく質をコードするRNA転写産物（チミンの代わりにウラシルとなる）と一致するため，コード鎖（coding strand），センス鎖と呼ばれる。

(2) 遺伝子の構造

遺伝子はコード領域と調節領域に分けられる。コード領域はメッセンジャーRNA（mRNA）へと転写され，たんぱく質に翻訳されるDNA配列を持つ。コード領域の5'-上流には，プロモーターという調節領域が存在し，TATAボックスやCAATボックスと呼ばれる塩基配列が存在している（図4-2）。プロモーターには，RNAポリメラーゼⅡや転写因子が結合して，正確な転写の開始や転写レベルを規定している。また，転写活性の上

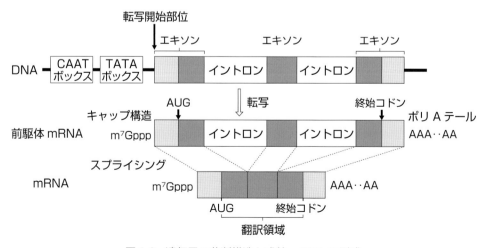

図4-2　遺伝子の分断構造と成熟mRNAの形成

昇または低下に関わる配列が転写開始点の上流や下流に存在し，エンハンサー（enhancer）やサイレンサー（silencer）と呼ばれる．

（3）遺伝子の分断構造

遺伝子の DNA 配列情報は，mRNA に転写される．前駆体（プレ）mRNA は，ゲノム DNA 配列の正確な RNA コピーである．真核生物ゲノムのコード領域は，長い非コード領域，即ち介在配列（intervening sequence）によって分断されている．遺伝子転写後の mRNA 上の介在配列はイントロン（intron）といい，コード領域はエキソン（exon）と呼ばれる．イントロンは前駆体 mRNA からスプライシングにより取り除かれ，エキソンが連結して，成熟 mRNA となって細胞質に輸送される．また選択的スプライシング（alternative splicing）によって，エキソンを選択的に連結して異なる成熟 mRNA を作り上げて，1 つの遺伝子から異なる数種のたんぱく質を生成し，組織特異的に発現している．

（4）真核生物に見られる繰り返し DNA 配列

ゲノムには，特定の塩基配列の異なるサイズの DNA 断片が繰り返し存在し，ゲノムに散在している．3 塩基から 2,000 塩基数，繰り返し頻度も 100 回から 10 万回まで様々であり，特にその差は真核生物で顕著である．ヒトゲノムに存在する繰り返し配列である Alu ファミリーは制限酵素 AluI で切断される塩基配列を持つ 300 塩基の配列であり，一倍体ゲノムあたり 50 万コピー存在している．反復配列の中には，2～6 塩基対の配列が 50 回も繰り返し存在するマイクロサテライト配列が存在する．その繰り返し頻度は，ヒト個人により異なっており，DNA タイピングに使われている．ヒトゲノムの塩基配列の特化したバリエーションを多型 polymorphism といい，ヒトゲノムを制限酵素で切断した後，DNA 断片の長さに依存して判定識別する方法があり，制限酵素鎖多型（restriction fragment length polymorphism；RFLP）として遺伝子解析に用いられている．マイクロサテライト配列は不安定性を持ち，数が増加して病気の原因になることが知られており，脆弱 X 症候群（CGG），ハッチントン舞踏病（CAG）や筋緊張性ジストロフィー（CTG）等のトリプレットリピート病として同定されている．

（5）1 塩基多型（SNP）

ヒトゲノムは，多様性を示しており，個人特有の DNA 配列を持っている．ゲノムには，遺伝子の非コード領域やコード領域内に存在していてもたんぱく質の機能に大きく影響を及ぼさない 1 塩基の変異があり，これを 1 塩基多型（single nucleotide polymorphism；SNP，スニップ）という．500 から 1,000 塩基毎に 1 塩基置き換わっていると考えられており，大きな血縁集団で特定の遺伝病と関係していると考えられている．SNP 解析により，個人に特化した遺伝子情報に基づいて診断や治療を行う"オーダーメイド医療"の実

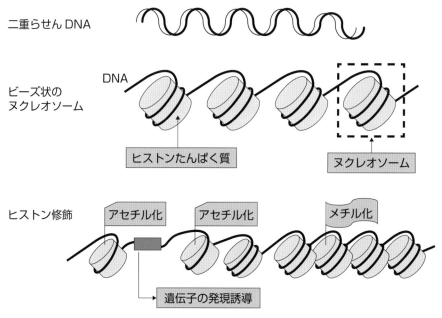

図 4-3　遺伝子の高次構造とエピジェネティック制御

用化に向けての研究が進んでいる。

(6) 遺伝子の高次構造

　ゲノム DNA は遺伝情報の設計図である。ヒトゲノム DNA を端から端まで伸ばすと約 2 メートルにもなるが，DNA は核に存在する塩基性たんぱく質であるヒストン分子に巻きつき DNA-ヒストン複合体を形成して，ヌクレオソームと呼ばれる球状粒子となる。更に，コンパクトに収納されてクロマチンとなり，最終的には染色体を形成する（図 4-3）。

　遺伝子が発現する時には，クロマチン構造は時空間的に変化する。DNA を構成する特異的なシトシン塩基のメチル化修飾により遺伝子の不活性化が起こる。またヌクレオソームを構成するヒストンたんぱく質の翻訳後修飾，例えばアセチル化，メチル化，リン酸化やユビキチン化によって遺伝子発現が制御されて，発現するたんぱく質の量的バランスが決定されている。この制御的調節はエピジェネティック（epigenetics）制御と呼ばれ，この制御の異常はヒトの疾患をもたらす。

(7) ヒトゲノム研究計画 (HGP)

　1990 年に米国で研究計画が始まり，1999 年には第 22 番染色体の塩基配列が決定され，2003 年には，ヒトゲノムの全塩基配列が決定された。現在までにウイルス，植物を含む 5,000 種以上の生物のゲノム配列が決定されている。更に，次世代 DNA シーケンサーのスピード性とコストパフォーマンスの面から，一般向けのゲノム情報の入手が可能となり，個人化医療としてのオーダーメイド医療が実行されようとしている。

ゲノムにはたんぱく質に翻訳されるコード領域の他に，様々な調節領域が存在している。ゲノムの機能エレメントを全て同定することによって，ヒトの発生・健康・疾患の根底にある分子機構を理解し，健康増進につなげることができると考えられる。そのために，2003年から米国国立ヒトゲノムリサーチ研究所は，カリフォルニア大学サンタクルス校が拠点となり，エンコード（ENCODE；Encyclopedia of DNA Elements）計画を開始し，解析が行われ，得られたデータベースは自由に入手することができる。Encyclopediaは百科事典という意味である。ゲノム配列情報は，NCBI（National Center for Biotechnology Information）によって運営されているデータベースとしてのEntrez Geneがある。ヒトや多くの生物種の個々の遺伝子の様々な情報を得ることができる。

2. クローニング技術

(1) 遺伝子のクローニングの5つのステップ

DNAクローンとは，単一のDNA分子の複製により増殖した遺伝的に完全に均一な集団である。DNAクローニングは，ゲノムDNAから目的とする遺伝子をクローニングベクターに連結して，単一クローンの集団を作ることである。遺伝子をクローニングすることにより，均一なDNAクローンを大量に調整し，様々な目的に使うことができる。遺伝子のクローニングは5段階のステップからなる（図4-4）。

① **目的遺伝子断片の調製**：特定の生物種のゲノムDNA，あるいはmRNAのコピーであ

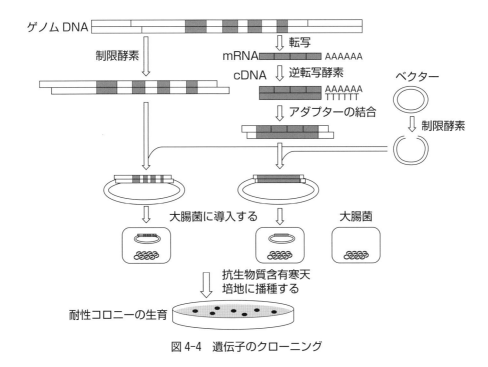

図4-4 遺伝子のクローニング

る相補的 DNA（cDNA：complementary DNA）を用いて遺伝子断片を調製する。たんぱく質の発現を目的とするならば，cDNA を用いる。ゲノム情報や遺伝子発現の調節領域を調べることを目的とするならば，ゲノム DNA を用いて DNA 断片を調製する。

② **ベクター（遺伝子の運び役）への連結**：制限酵素で切断したプラスミド（核以外に存在する細胞質中の DNA）等のクローニングベクターに，DNA 断片を挿入し，DNA リガーゼで連結して組換え体を作成する。

③ **組換え DNA の宿主細胞への導入（形質転換）**：ベクターとしてプラスミドを用いる場合は，大腸菌を化学的に処理して連結 DNA（②で作成した組換え体プラスミド DNA）を導入する。バクテリオファージを用いる場合は，遺伝子組換え体は，ファージ粒子内にパッケージングされて感染経路により大腸菌内に導入される。

④ **組換え DNA の増殖**：プラスミドは，選択マーカーとして，抗生物質耐性遺伝子を持ち，特定の抗生物質存在下での生育が可能となる。プラスミドによって形質転換された大腸菌は，抗生物質を含む寒天培地上で生育し，増殖してコロニーとして確認できる。バクテリオファージは，宿主内で増殖し宿主を溶菌してプラークとして確認できる。

⑤ **目的遺伝子の選別と同定**：形質転換後，目的とする遺伝子を含む組換え体を選別する必要があり，PCR やハイブリダイゼーション法等を用いた方法がある。

以下に遺伝子クローニング過程での重要な項目について解説する。

(2) 制限酵素

制限酵素は既に数百種類も発見され，DNA クローニングに使用されている。酵素名は分離された細菌の名前に由来して命名されている。例えば，EcoRI は *Escherichia coli* から分離され，BamHI は *Bacillus amyloliquefaciens* から得られたものである。主に，4～7塩基対の特異的な二本鎖 DNA 配列を認識して切断する。この配列は二本鎖の一方鎖の 5'→3'方向と反対鎖の 5'→3'方向からの塩基配列が同じ回文構造（パリンドローム構造）となっている場合が多い。切断の結果生じる DNA 末端は，用いる酵素の特性の違いにより，平滑末端（blunt end）と，5'-末端側あるいは 3'-末端側が突出末端である粘着末端（sticky end または cohesive end）となる。ベクターの DNA 鎖と標的 DNA 鎖を連結する場合，同じ酵素で切断した粘着末端を連結するほうが容易である。

制限酵素部位を検索する DNA 解析ソフトが多数知られているが，ApE（A plasmid Editor）が汎用できる。遺伝子の制限酵素マップや遺伝子を連結させたプラスミドをソフト上で構築してマップを作り，制限酵素切断パターンを調べて，遺伝子挿入によるクローニングの成否を判定することができる。

(3) 遺伝子クローニングに使われるベクター

ベクターとは，運び役であり，宿主細胞に組込まれた後増殖する性質を持った二本鎖

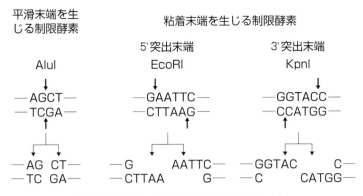

図 4-5 制限酵素による DNA 鎖の切断様式

DNA である。特定の遺伝子をクローニングするため，あるいはたんぱく質の生産等の目的に使われる。宿主細胞として，大腸菌，酵母や真核生物の培養細胞株等があり，宿主に応じたクローニングベクターが開発されている。ベクターは次の性質を備えている。

① 宿主細胞内で，自己複製することができる。
② 選択マーカーを持っている。
③ 制限酵素部位を持っている。

1）ファージベクター

ファージは細菌に感染するウイルスであり，直鎖状の二本鎖 DNA を持ち，外来 DNA の約 10～20 kb の DNA 断片を制限酵素部位に挿入することができる。ファージは宿主細胞内で，高コピーのクローンを産生し，増殖する。

2）プラスミドベクター

プラスミドは，細菌や酵母の細胞質の中に寄生的に存在する環状の二本鎖 DNA 分子である。細菌自身の DNA とは独立に存在し，宿主の複製装置を使い，独自の自己複製能力を持つ。プラスミドは，選択マーカーとして，抗生物質耐性遺伝子を持っており，形質転換により抗生物質存在下での生育を可能にする。プラスミドの中には，たんぱく質発現ベクターとして改変され，宿主細胞内でたんぱく質を発現誘導するためのプロモーターを持つものがある。

3）コスミドベクター

コスミドは，λファージ粒子へのパッケージングに必要とされるλファージ DNA の cos 部位とプラスミドの複製開始点領域を持つ環状のプラスミドである。このコスミドは，細菌内でプラスミドとして増殖することができ，約 40 kb までの DNA 断片を挿入することができる。1990 年に始まったヒトゲノム研究計画に先立って，線虫の全ゲノムが解読された。この時に，英国 MRC 分子生物学研究所のサルストンが，線虫の全ゲノム DNA を断片化してコスミドに挿入してコスミドコンティグ（cosmid contig）を作成し線虫の全ゲノムが解読され，この技術がヒト全ゲノムの解読に貢献した。

4) BAC（bacterial artificial chromosome：細菌人工染色体）ベクター

BACベクターは，環状であり，単純で小さい〔約7 kb（キロベース，kilo base）〕ので，200 kbまでのDNAを挿入することができる。細菌細胞内では1コピーだけが複製されるように設計されているため，インサート間での組換えは起こらない。ヒトゲノム配列の大部分は，BACライブラリーから決定された。

（4）選択マーカー

DNAクローニングの際に，形質転換細胞を効率よく選別するために，抗生物質を解毒する遺伝子が選択マーカーとして用いられる。プラスミドにクローン化された遺伝子が導入された細菌や細胞は，抗生物質を含む寒天培地上や培養液中で生育可能となる。マーカー遺伝子には次のようなものがある。

1）アンピシリン耐性遺伝子

β-ラクタマーゼ酵素をコードしており，この遺伝子を持つベクターが大腸菌に導入されると，βラクタム環を加水分解できるため，アンピシリン含有寒天培地上で生育が可能となる。

2）ネオマイシン耐性遺伝子

アミノグリコシド・ホスホトランスフェラーゼをコードする遺伝子であり，ネオマイシンやG-418（ジェネティシン）等のアミノグリコシド系抗生物質をリン酸化して不活化する。

3）DNAジャイレース阻害遺伝子（ccdB遺伝子）

ccdB遺伝子は，DNAジャイレース（gyrase）（II型トポイソメラーゼ）の複合体形成を阻害するたんぱく質をコードする。このccdB遺伝子を持つベクターが大腸菌に導入されると，宿主大腸菌は死滅する。遺伝子の挿入により取り除かれると，宿主細胞内で増殖することが可能となる。これは，抗生物質耐性遺伝子と異なる選択マーカーである。この遺伝子を含むベクターを増幅させるためには，DNAジャイレースの大腸菌変異株であるDB3.1株を宿主菌として用いる。

（5）目的遺伝子の獲得法

1）ゲノムDNAとcDNA

ゲノムDNAは，遺伝子構造や発現調節機構を解析する目的として遺伝子をクローン化する場合に用いられる。cDNAは，mRNAの相補的DNA（cDNA；complementary DNA）のことであり，発現mRNAの配列解析やたんぱく質の発現を目的とする場合に用いられる。ゲノムライブラリーは，ゲノム上の全ての塩基配列を制限酵素で断片化した後，ベクターにクローン化して，宿主細胞内で組換え体を取りそろえた集団である。これには，コード領域以外に調節領域や非コード領域が含まれている。cDNAはmRNAの配列のみを含むので，イントロンや調節領域を持っておらず，たんぱく質翻訳領域を含むエ

キソンのみで構成されている。

2) PCR（ポリメラーゼ連鎖反応）による遺伝子増幅

遺伝子をクローン化する方法としてもっとも有効な方法は，PCR (polymerase chain reaction；ポリメラーゼ連鎖反応) による目的遺伝子の増幅である。PCR は，キャリー・マリスによって 1985 年に開発された方法であり，好熱菌 (*Thermus aquaticus*) に由来する高温でも失活しない Taq DNA ポリメラーゼを用いることにより，連続的に DNA 鎖の伸長反応が可能となった。多くの生物種の遺伝子配列に関する情報は，GenBank からのオープンリソースから入手できる。プライマー (増幅を目的とする標的遺伝子の 5' 側と 3' 側の塩基配列に相補的な 20〜30 塩基数のオリゴヌクレオチド) を作成して，迅速確実に正確な配列を有する目的遺伝子を得ることができる。

PCR 反応は，3 つのステップから構成される (図 4-6)。反応には，鋳型 DNA，4 種類のデオキシヌクレオチド (dNTPs)，正方向と逆方向からなる 2 本のオリゴヌクレオチドプライマーと *Taq* DNA ポリメラーゼを必要とする。最初に，高温 (94〜98℃) に加熱して二本鎖 DNA を変性させる。次に，温度を 50〜60℃ に下げてプライマーを鋳型 DNA に相補的に結合させる，このステップをアニーリングという。続いて，4 種の dNTPs を基質として *Taq* DNA ポリメラーゼによる DNA 伸長反応が起こる。この 3 ステップを 1 サイクルとして，30 数回繰り返すことにより，選択的に数時間で指数関数的に遺伝子を増幅させることができる。PCR は 1 つの細胞や血液サンプルから DNA を高感度で増幅することができ，現在，遺伝子診断やオーダーメイド医療，微生物検査，動物や植物の系統調査等の様々な

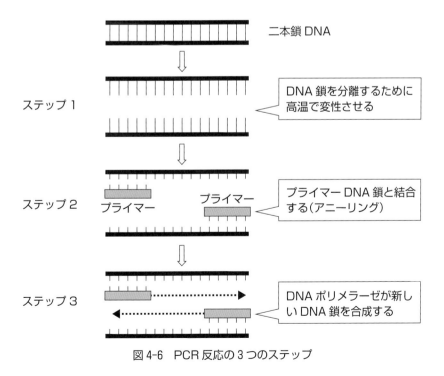

図 4-6　PCR 反応の 3 つのステップ

第4章 遺伝子工学技術への利用

分野での必須な技術となっている。クローニング技術としてのPCR法の問題点は，DNA増幅過程での間違った塩基の挿入であるが，高い正確性（high fidelity）を持つDNAポリメラーゼを用いることにより，数10 kbの長さのDNAを正確に増幅することができる。

下記DNAをPCRで増幅する時に使用するプライマーを作成してみる。プライマーは正方向と逆方向の2種類を作成する必要がある。下線部に対応した10塩基に対するプライマーを作成してみると，下記のようになる。

5'-GCGCACCAGC TCCGGAGCCC AGCTCGCGCC TGTGGGCCGC-3'

正方向プライマー；5'-GCGCACCAGC-3'

逆方向プライマー；5'-GCGGCCCACA-3'

逆方向プライマーを作成する時は注意を要する。DNAポリメラーゼは5'→3'方向しか塩基の伸長を行わない。またDNA配列は，通例として5'末端を左にして右に向かって3'方向へ塩基配列を書くこととなっている。

3）cDNAを合成するためのRT-PCR

RT-PCRはreverse transcription-polymerase chain reactionの略であり，mRNAを鋳型として逆転写酵素を用いて，cDNAが合成される。真核生物のmRNAは，3'末端にポリ（A）テール〔poly（A）tail〕と呼ばれるアデニンヌクレオチドの連続した部分を持っているため，ポリAテールに相補的な12～20個のデオキシチミジンからなるオリゴヌクレオチド（オリゴdT）を混合して，逆転写酵素の働きでcDNAを合成する方法が用いられている。

（6）PCR産物のプラスミドへの挿入

PCRでの増幅後は，DNAシーケンス*を行い正確なDNA配列の確認操作が行われる。PCR産物をベクターに挿入する方法には3つある。1つ目の方法は，プライマーを合成する時に制限酵素部位を5'末端と3'末端に連結させたプライマーを作成して，鋳型DNAを加えてPCRを行う。増幅断片を精製して制限酵素で切断後，同じ制限酵素で切断したベクターにDNAリガーゼを用いて連結する方法である。2つ目の方法は，PCR産物に制限酵素認識配列のアダプターを結合させて，連結する方法である。3つ目の方法は，DNAポリメラーゼの特異性を利用した方法である。PCR反応に使用するDNAポリメラーゼには，PCR産物の3'末端にデオキシアデノシン（dA）の1塩基付加を起こす酵素があり，増幅したDNA鎖にdAが付加されるので，ベクターの3'末端にデオキシチミジ

---

* **DNAシーケンス**：DNA配列に相補的なプライマーを用いて，非標識dNTPsと3'-OHを持たないジデオキシヌクレオチド（ddNTPs）存在下でDNAポリメラーゼを用いて伸長反応を行う。蛍光標識された4種のddNTPがランダムにDNAの伸長を停止させるため，異なる長さの蛍光標識されたDNA断片が生成される。蛍光シグナルの検出は自動シーケンサー機を用いる。DNA断片はキャピラリー管の中を電気泳動されて，4種の異なる蛍光シグナルがレーザー検出システムにより検出されるため自動で塩基配列を読むことができる。

ン（dT）を持つベクターに効率的に連結することができる。

（7）宿主細胞への遺伝子導入

遺伝子導入とは，組換えDNAを宿主細胞に導入して，本来持っている宿主細胞の形質を変えることであり，プラスミドを用いる遺伝子導入を形質転換（transformation）といい，ファージやウイルスを用いる場合を形質導入（transfection）という。プラスミドを大腸菌に導入する方法として，大腸菌を塩化カルシウムで処理して，DNAを取り込みやすくしたコンピテントセルが使われる。プラスミドとの混合後，一定時間後に熱処理（42℃）で40秒という短い熱ショックにさらすことにより細菌内に導入することができる。更に，細菌や動物細胞への導入法として，電気穿孔法（エレクトロポレーション）がある。

（8）標的遺伝子の選別と同定

標的遺伝子をクローニングする時には，遺伝子導入した多くの細菌の中からクローンを選別する必要がある。ラクトース誘導系を利用したレポーター遺伝子を用いて，遺伝子の挿入を確認することができる。遺伝子情報がわかっている場合には，寒天培地上のコロニーから直接PCR反応を行い，DNA断片の増幅を確認することにより，目的とするクローンが同定できる。また，遺伝子情報を基にして作成されたプローブ（DNA鎖をアイソトープ標識した一本鎖DNA断片）を用いた核酸ハイブリダイゼーション法や，たんぱく質発現ベクターへのクローン化による抗体スクリーニング法がある。

（9）新しい遺伝子クローニング技術

バイオ技術が，最新科学へ貢献するためには，厳しい制限にも対応できるシステムであることが要求される。遺伝子治療を行う上での問題点は，ウイルスベクターがヒトゲノムに非選択的に挿入されることにより，がんの誘発や感染症の発症が危惧される。技術の進歩に伴い医療分野で遺伝子組換え技術の活用を目指した革新的な技術が作出された。その中の1つである人工制限酵素について説明する。

ヒトゲノムには，制限酵素で認識される特定配列は限られた頻度でしか存在しないため，任意に切断箇所を指定して制限酵素で切断することができない。多くの研究者が，任意にDNA配列を指定して切断と再結合を誘発することを目的としたシステムの開発を報告している。特異的なDNA配列を認識して結合するたんぱく質を利用して，人工的な部位特異的DNA切断酵素（site-directed nuclease）が作製された。DNA結合たんぱく質の亜鉛フィンガー（zinc finger）型DNA結合ドメインは，30個のアミノ酸からなり，DNA鎖の3個の塩基を認識して結合する。TAL（transcription activator-like）エフェクターたんぱく質は，34個のアミノ酸が繰り返した構造を持ち，各々の繰り返し構造がDNA鎖の1個の塩基を認識して結合する。これらのDNA結合ドメインと制限酵素 Fok I

のDNA切断ドメインを連結させたハイブリッド酵素(zinc-finger nuclease;ZFN あるいは TAL effector nuclease;TALEN)が作製され,亜鉛フィンガーや TAL エフェクターがゲノム上の特定のDNA構造を認識して結合し,二量体を形成することにより,任意に指定された DNA 配列を切断することができる。

更に,全く新しい方法として,CRISPR/Cas (Clustered Regularly-Interspaced Short Palindromic Repeats)/Cas システムが報告された[1]。CRISPR/Cas システムは,細菌の防御機構を利用したものであり,CRISPR はゲノムの特定の DNA 配列に相補的な短鎖 RNA を含み,この RNA がゲノム DNA に結合し,Cas9 ヌクレアーゼが結合する足場をつくる。この CRISPR に Cas9 ヌクレアーゼが結合することにより任意に指定した DNA 鎖を切断することが可能となる。切断したい領域に制限酵素部位が存在しなくても,RNA 鎖をデザインしてベクターに組み込み,細胞や動物に導入することにより,動物や植物でのゲノム編集(Genome editing)が可能である。理想的には,倫理的な課題を解決することにより,ヒトへの応用例として,病気を引き起こす変異遺伝子を正確に取り除き,正常な遺伝子に置き換える遺伝子治療に使うことができる期待がある。

3. 遺伝子組換え技術

遺伝子組換え技術は,遺伝子の異種間での移入や増殖を可能にして,生命科学に革新をもたらした。特定の遺伝子を染色体に導入したり,相同組換えを用いて形質の付与や欠損をコントロールすることができる。動物の遺伝子を植物や昆虫細胞に導入して,有用たんぱく質を大量に生産し医薬品としての利用を可能にした。植物では,遺伝子導入を行い,形質を改変させることにより長期間での品質保持を可能にし,また病害虫への抵抗性を付与して生産性を向上させた。ヒトへの応用では遺伝子治療があり,変異した遺伝子を修復して機能性を回復させることが可能となった。

(1) 培養細胞や生物への遺伝子導入

遺伝子組換えには,ベクターにクローン化された遺伝子を様々な目的に使用するため,様々な生物種の細胞に効率的に導入する方法が必要となる。

1) リポフェクション法(lipofection)

動物細胞への導入には,DNA と脂質との混合により作成された DNA-リポソーム複合体を細胞へ導入するリポフェクション法が用いられている。正荷電基を持つ脂質分子がDNA 分子を取り込み二重膜からなる DNA-リポソーム複合体を形成して,負に荷電している細胞膜に吸着融合して DNA を細胞内に導入する。

2) 電気穿孔法(electroporation;エレクトロポレーション)

DNA と細胞を混ぜて,短い電気パルスを与えることにより,細胞には一時的に小さな

孔ができて，細胞内にDNAを入れる。ほとんどの動物細胞にDNAを導入できる効果的な方法である。

3）ウイルスでの遺伝子導入

アデノウイルス，アデノ随伴ウイルス，レトロウイルスは，非溶細胞性ウイルスであり，感染を伝播するために，細胞を殺すことはない。広範囲の細胞に効率よく感染させることができるように改良が加えられている。種々の哺乳類ウイルスベクターは遺伝子治療やiPS細胞を樹立する目的で用いられている。

4）アグロバクテリウムのTiプラスミド

植物への遺伝子導入でもっともよく利用されているのは，アグロバクテリウム〔*Agrobacterium tumefaciens*（根頭がん腫病菌）〕である。この細菌は，植物に感染すると，植物性の腫瘍（クラウンゴール）を形成する。腫瘍誘導要因はTiプラスミドであり，そのDNAの一部が宿主の植物細胞の染色体に組み込まれる。TiプラスミドのT-DNAをベクターとして使用する標準的な方法はバイナリーベクター法である（詳細はp.79～）。

5）マイクロ注射法（microinjection；マイクロインジェクション）

クローン化したDNAを入れた微小ガラス管を，顕微鏡下でマイクロマニピュレーターを操作して，細胞，受精卵や生殖巣内にDNAを微量注入する方法である。導入されたDNAはゲノムにランダムに組み込まれ，遺伝形質として受け継がれる。線虫，ハエ，ゼブラフィッシュやマウスの胚に直接注入して，トランスジェニック生物が作出されている。

（2）レポーター遺伝子

細胞や生物個体への遺伝子導入の有無や，導入された遺伝子の発現量や組織化学的知見を得ることを目的としてレポーター遺伝子が使われる。したがって，発現が容易に確認できる遺伝子が用いられている。

1）LacZ遺伝子：β-ガラクトシダーゼ

β-ガラクトシダーゼ遺伝子（*lacZ*）は，ラクトースをグルコースとガラクトースに分解する酵素をコードする。ベクターの中には，*lacZ*遺伝子上に制限酵素切断部位を持ち，遺伝子の挿入により不活化される仕組みを備えたクローニングベクターがある。*lacZ*遺伝子の発現を誘導するためにIPTG（イソプロピルチオβ-D-ガラクトシド）を用いる。ベクターを大腸菌に導入後，基質であるX-gal（5-ブロモ 4-クロロ 3-インドリルβ-D-ガラクトシド）を含む寒天培地上で生育させることにより，遺伝子挿入により白色コロニーとなり，遺伝子挿入がなければ，酵素が働き基質を分解して青色コロニーとなる。

2）GFP遺伝子：緑色蛍光たんぱく質

1962年に下村修により発光クラゲから緑色蛍光たんぱく質（green fluorescent protein；GFP）が単離された。このアミノ酸配列から遺伝子がクローン化され，マーティン・チャルフィーにより最初に線虫の体内でGFPが発現された。このたんぱく質は青色

の光を吸収し，緑色の光を放射する．細胞や生物に励起光を照射すると，GFPを発現している細胞や組織は緑色に光って見える．GFPとの融合たんぱく質は，動物や植物の個体レベルでの発現を可視化できる．GFPたんぱく質のアミノ酸を1つ別のアミノ酸に置換した人工たんぱく質や他の生物種から蛍光たんぱく質が調製されており，異なる励起光照射によって異なる蛍光を発し，虹のような多彩な蛍光をレポーターに利用できる．

3) LUC遺伝子：ルシフェラーゼ

LUCは，ホタル由来の酵素ルシフェラーゼをコードする遺伝子（luc）産物である．ルシフェリンとATPを加えると光を発し，ルミノメーターで測定することができ，生きた細胞で遺伝子発現を解析することができる．

(3) 相同組換えを利用した遺伝子改変

遺伝子を移し変える場合には，相同組換えと呼ばれる仕組みにより行われる．DNA鎖を切断して再結合するリコンビナーゼ酵素は，同一配列の領域を持つDNA分子の間で組換えを起こす．組換え技術は，細菌や動物で汎用されている．

1) 大腸菌での相同組換え

大腸菌内での相同組換え法として，λファージ（大腸菌に感染するウイルス）が大腸菌ゲノムDNAに挿入される反応が用いられる．細菌とファージの間では溶原状態に入る際に組込み（integration）を受け，溶菌に移る際にはファージDNAの切り出し（excision）が起こる．λファージの組換え配列としてアタッチメント（att）部位を利用して，組換えに必要な酵素を混合することにより，特定部位で組換えを起こすことが可能となる．現在，Gatewayクローニング法として研究に利用されている方法は，従来のような制限酵素やDNAリガーゼを用いることなく，新規のベクターへ移し変えることができる．

2) 高等生物での相同組換え

モデル生物やマウスにおける相同組換えの手法は，バクテリオファージP1の複製に関わる部位特異的リコンビナーゼであるCreを用いて行われる．Cre酵素は，loxと呼ばれるDNA配列を認識して作用する．切断したい遺伝子の両サイドにloxを挿入して作成したトランスジェニック生物に，Cre遺伝子を持つベクターを導入すると，Creたんぱく質が対を形成している2つのlox配列に結合する．その結果，各lox部位で組換えを触媒しDNAは切り出される．この方法は，Creリコンビナーゼを細胞特異的に発現させることにより，特定細胞内だけでの遺伝子欠失を誘発することができる．

3) 胚幹細胞（ES細胞）を用いた遺伝子ノックアウト

胚幹細胞であるES細胞（embryonic stem cell）は，全能性を持ち組織に発生することができるため，ノックアウトマウスの作出に使われる．標的とする遺伝子にネオマイシン耐性遺伝子を挿入して破壊させたターゲッティングベクターをES細胞に導入して，抗生物質で選別することにより相同組換えを起こした細胞が得られる．この細胞を胚盤胞に注

入すると，内細胞塊に同化して体細胞の一部の遺伝子が破壊されたマウスが誕生する。

4. 有用物質の生産

(1) 生理機能のリアルタイムモニタリング

緑色蛍光たんぱく質（GFP）に代表される蛍光たんぱく質は，生きた細胞内での分子の動的変化を可視化することを可能にした。蛍光たんぱく質や光で活性化するたんぱく質を特定の細胞で，一過性に発現させて機能を調べる研究が幅広く行われており，現在この分野は，オプトジェネティクス（optogenetics；光遺伝学）と呼ばれている（詳細は p.98～）。

1) 蛍光カルシウム結合たんぱく質

細胞レベルで生理機能を調べることを目的として，カルシウム濃度測定用のためのGCaMP（GFPとカルモジュリンとミオシン軽鎖フラグメントの連結したカルシウムセンサーたんぱく質）やカメレオン（Cameleon）たんぱく質が構築された。これらの蛍光たんぱく質は，カルシウムが結合することにより，構造変化を引き起こし，特定波長の蛍光強度が増大する。主に神経活動を生きた状態で，リアルタイムで測定することに利用されている。

2) 生理機能測定用蛍光たんぱく質

蛍光たんぱく質の構造特性を変えることにより，膜電位変化の感知，細胞内でのpH変動や細胞内ATP量を測定できる蛍光たんぱくインディケーターが開発されている。

3) チャネルロドプシン

チャネルロドプシン（channelrhodopsin；ChR）は緑藻のクラミドモナスの光走性を引き起こすロドプシン様たんぱく質であり，光で活性化されるイオンチャネル型たんぱく質である。このたんぱく質は，細胞膜に存在して，光に反応して，細胞内にイオンを取り入れて細胞を活性化する。特異的プロモーターの制御下で，特定の神経細胞内でChR2（陽イオン透過型）を発現させた後，光照射することにより特定の神経細胞だけを発火させることができ，それに伴う行動を解析する研究が多くの生物種で行われている。

(2) カイコでのたんぱく質の大量生産

蛾の細胞に感染するバキュロウイルスは，優れた外来遺伝子発現能力と，真核生物に特有の翻訳後修飾を可能にする等の有利な特徴を持つため，多くのたんぱく質がカイコを用いて産生されている。ヒトたんぱく質の発現として，ヒトGM-CSF，ヒトM-CSFやヒト成長ホルモン等があり，また他の動物種では，ネコインターフェロンやイヌインターフェロン-γ等がある。

(3) バイオ医薬品

遺伝子組換え技術により，微生物や動物の培養細胞によって作られるバイオ医薬品に

は，糖尿病治療薬として使用されるヒトインスリン，B型やC型肝炎の治療のためのインターフェロンがある。また，抗体医薬品は，遺伝子操作でマウス型抗体からヒト型モノクローナル抗体を作成して，がん細胞を攻撃する治療に使われる。ハーセプチンはHER2たんぱく質抗原陽性の乳がんの治療に使われている（詳細はp.133～）。

(4) 強靭な繊維「QMONOS」の開発

蜘蛛の糸の成分であるフィブロインたんぱく質を微生物に合成させて量産化に成功し実用化されつつある。これは，強靭な強度と伸縮性を持ち，石油を原料としないため，新素材として注目されている。

5. 遺伝子組換えの応用事例

現在は様々な領域で遺伝子組換え技術が利用されている。その利用のされ方は様々であるが，ここでは植物，微生物，動物に分けてその応用事例を紹介する。

(1) 遺伝子組換え植物

食品としてあるいは観賞用として，様々な遺伝子組換え植物が開発され，そしてそのうちのいくつかは商業的にも流通している。遺伝子組換え技術を利用して，生物個体にこれまでになかった表現系を付与するためには，様々な工夫とアイデアが必要となる。ここでは，2つの遺伝子組換え植物についてその工夫を紹介する。

1) 青いバラ：サントリーによる開発

花に色があるのは，特有の色素を合成しているからである。そして個体によって色が異なるのは，色素を合成する酵素の発現に個体差があるからである。この合成酵素の遺伝子を変えれば，花の色を変えることもできるはずである。サントリーがそんな夢に挑んだ。

（A）**青色色素合成酵素の遺伝子を導入**：バラ，カーネーション，チューリップ等，世界に愛される花で青色を持たない花は多い。サントリーの開発グループは，青色色素を持つ花の色素合成酵素フラボノイド3',5'-水酸化酵素の遺伝子に着目し，ペチュニア，リンドウ，チョウマメ，トレニアなど青い花を咲かせる様々な花から遺伝子を取得して，最終的にはパンジーの遺伝子を導入したバラを作った（図4-7）。

（B）**きれいな青色を実現するための工夫**：最初にできた青いバラは，青というよりは黒ずんだような赤色だった。従来の赤色，橙色色素の発現が抑制されないままだったからである。赤色，橙色色素の発現をともに減らす方法として，両色素の合成に関わるジヒドロフラボノール4-還元酵素（DFR）の発現を抑制した（図4-8）。しかし，DFRを抑制すると青色色素の合成も抑制されてしまう。そこでアイリスからジヒドロミリセチンのみに特異的に作用する酵素をとり，これを新たに導入する工夫をほどこした。一方で青色色素が合成され

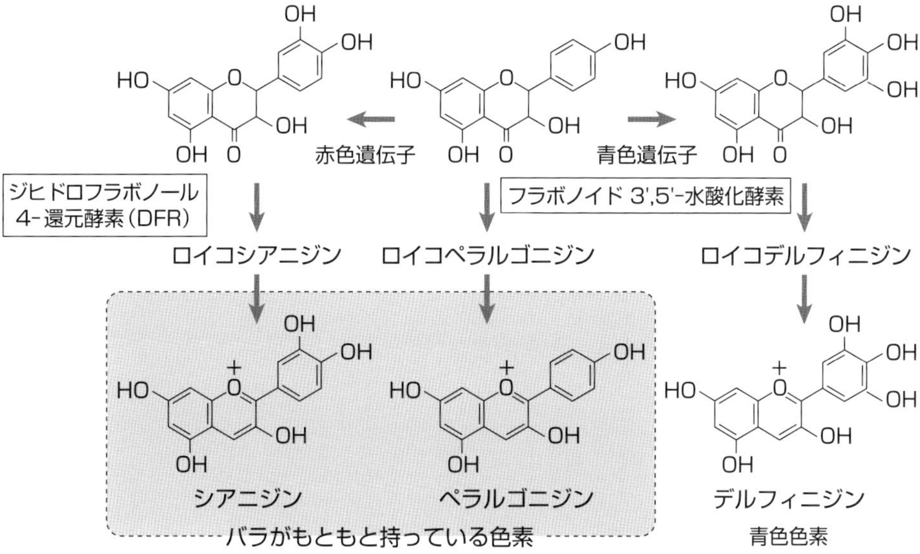

図 4-7 バラの花色色素の合成経路概略図
出典　http://www.suntory.co.jp/sic/research/s_bluerose/story/

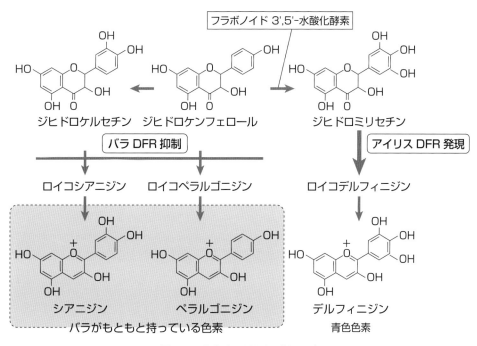

図 4-8 青色を100%にする工夫
出典　http://www.suntory.co.jp/sic/research/s_bluerose/story/

ていても，その色素が蓄積する液胞内のpHが酸性だと赤色，中性だと青色に見えることも判明し，きれいな青色になりやすいバラの品種を40種ほど選び直して遺伝子を導入し，最終的にもっともきれいな青色のバラを選んだ。これが現在市販されている青いバラである。

(1) 発現

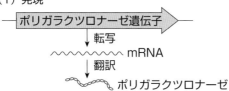

(2) 抑制

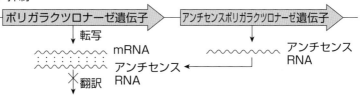

図 4-9　ポリガラクツロナーゼの発現を抑制する仕組み
ポリガラクツロナーゼの mRNA と特異的に結合するアンチセンス RNA を合成するような DNA を，遺伝子導入する。

2）日持ちの良いトマト：世界で最初に商品化された遺伝子組換え作物

　日持ちの良いトマト「フレーバーセーバー」は 1994 年アメリカで販売許可された世界初の遺伝子組換え作物である。植物では成熟に関わるホルモンが分泌されると，果実の甘みが増したり，色が変わったり，実が柔らかくなったりといった変化が起こる。この時，果実を柔らかくするために働く酵素の 1 つに，細胞壁成分のペクチンを分解する酵素であるポリガラクツロナーゼがある。フレーバーセーバーでは，このポリガラクツロナーゼの発現量を低下させる遺伝子組換えが行われた（図 4-9）。実の色や味が熟した時に柔らかくなる度合いが低く，実が崩れてしまうのが遅いトマトである。
　たんぱく質の発現を低下させる（抑制する）方法は，現在ではアンチセンス法から，小さな RNA 断片による RNA 干渉の現象を利用した方法に変わっている。

(2) 遺伝子組換え微生物

　現在，遺伝子組換え生物としての微生物の利用は，大きく分けて 2 つある。1 つは，たんぱく質や化合物を大量生産するツールとしての利用，もう 1 つは，新しい性質を付与した微生物そのものを利用する方法である。

1）ヒトインスリン製剤の製造（p. 138 参照）

　糖尿病患者とくに 1 型糖尿病患者にとってインスリンは生きるために不可欠なものであるが，現在市販されているインスリン製剤は，ヒトのインスリン遺伝子を大腸菌や酵母に組み込んで大量生産させたものである。遺伝子工学の発展がヒトのインスリンの大量生産を可能にしたと言える。多くの医薬品，食品添加物等の製造に微生物が利用されている。その多くは大腸菌であるが，高等生物由来のたんぱく質の場合，正常な立体構造を構築できない場合もあるため，より高等生物に近い酵母や昆虫の培養細胞等が用いられることもある。

2）フルーティーな香成分を高産生する酵母

清酒の香りには様々な化合物が関与しているが，その多くは脂肪酸や有機酸とエタノール，高級アルコールとのエステルである。今から25年ほど前の吟醸香はバナナ様の香を持つ酢酸イソアミルが主成分であったが，突然変異体酵母の研究から，フルーティーな香り成分であるカプロン酸エチルを高産生する酵母が単離され，脂肪酸合成酵素FAS2の1,250番目のグリシン残基がセリンに変わる点が突然変異（G → A）によってカプロン酸を高産生するようになることがわかった。

この1,250番目のグリシン残基がセリンに変わった酵母を遺伝子組換えによって作成したセルフクローニング*酵母が作成され，実際にカプロン酸エステルを高産生することが確認された。この遺伝子組換え酵母は，香り高い酵母として実際の清酒の製造に広く利用されている。

（3）遺伝子組換え動物

遺伝子組換え動物は，微生物や植物と異なり主に研究レベルで利用されてきた。その主役はノックアウト動物である。あるたんぱく質の遺伝子を取り除いて，そのたんぱく質が発現しない状態にしたとき個体にどのような影響があるかを調べる研究である。

ノックアウト動物の構築には相同組換え技術が利用される。新しい遺伝子を導入する場合は，そのたんぱく質が個体中で合成されるならば，その遺伝子が染色体のどこに導入されているかは問題にはならないが，特定の遺伝子をノックアウト（除去）するためには，その遺伝子の染色体上での位置が重要であり，位置特異的に遺伝子を改変する必要があるからである。このため，全ゲノム解析がいち早く行われ，かつヒトに比較的近いマウスが利用された。ノックアウトマウスの研究から，多くの遺伝子の機能が解明されている。

1）肥満・摂食行動の研究：メラノコルチン4型受容体関連たんぱく質（MRAP2）をノックアウトしたマウス

脂肪細胞から分泌されるレプチンが，摂食行動や肥満と関連があることがわかってから，その作用機序の解明のために多くのノックアウト動物が利用されてきた。レプチンは

---

*セルフクローニング：組換え技術によって導入されたDNAが，宿主である生物と分類学上の同一の種に属する微生物のDNAのみであると判断された組換え体のことである。この「セルフクローニング」及び「ナチュラルオカーレンス（自然界に存在が確認されている）」の食品及び食品添加物については，遺伝子組換え技術によって作成されたものとは見なさず，安全性試験を免除されることになっている。

「セルフクローニング」であるために必要なことは，遺伝子導入に使用したベクター上に乗っている大腸菌等に由来する様々な遺伝子を，組換え体作成後に除去しておくことである。これらの遺伝子は目的遺伝子を増やし，宿主細胞に遺伝子導入し，きちんと導入された宿主細胞を選択するためには必須のものであるが，遺伝子組換え生物として確立した後には不要の遺伝子群である。これらを組換え体確立後に除去するための仕組みが様々に工夫されている。

第4章　遺伝子工学技術への利用

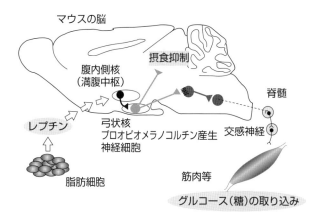

図4-10　レプチンが作用する満腹中枢の神経回路の模式図
　出典　http://www.nips.ac.jp/contents/release/entry/2009/10/post-59.html

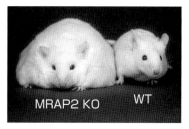

図4-11　MRAP2のノックアウト（KO）マウス及び野生型（WT）マウスの様子
　出典　http://www.counselheal.com/articles/6112/20130719/researchers-identified-gene-mutation-tied-severe-obesity.htm

脳の視床下部の満腹中枢に作用して，摂食抑制やエネルギー代謝の活性化を促進する（図4-10）。メラノコルチン4型受容体はこのうち食欲抑制に関わると考えられている受容体で，MRAP2はこの受容体の働きを助けるたんぱく質であると考えられている。MRAP2のノックアウトマウスを作成したところ，深刻な肥満を呈していた（図4-11）。しかしながら予想に反して，このノックアウトマウスは食欲（摂食量），運動量（消費エネルギー量），栄養吸収量，新陳代謝のいずれも野生型マウスと比較して差がなかった。食べる量，吸収量，運動量，代謝等に差がないのに太る理由はどのようなものだろうか？　このMRAP2ノックアウトマウスを利用して，さらに多くの有益な情報がえられることになるだろう。

引用文献・資料

1)　Gaj T., Gersbach C. A. & Barbas C. F. Ⅲ「ZFN, TALEN and CRISPR/Cas-based methods for genome engineering」*Trends in Biotechnology*, vol. 31, 2013, pp. 397-405.

参考文献・資料

池上正人編者：バイオテクノロジー概論　見てわかる農学シリーズ4，朝倉書店，2012.
池上正人：植物バイオテクノロジー，理工図書，1999.
北本勝彦監修：発酵・醸造食品の最新技術と機能性，シーエムシー出版，2006.
清水孝雄監訳：イラストレイテッド　ハーパー・生化学　原書29版，丸善出版，2013.
日本農芸化学会編：遺伝子組換え作物の研究，養賢堂，2006.
J. ワトソンほか，松橋通生ほか監訳：ワトソン　組換えDNAの分子生物学　第3版，丸善出版，2009.
Asai M., et al.「Loss of Function of the Melanocortin 2 Receptor Accessory Protein 2 Is Associated with Mammalian Obesity」*Science*, 341, 2013. pp. 275-278.
Katsumoto Y., et al.「Engineering of the Rose Flavonoid Biosynthetic Pathway Successfully Generated Blue-Hued Flowers Accumulating Delphinidin」*Plant Cell Physiol*, 48, 2007, pp. 1589-1600.

第 5 章

植物のバイオテクノロジー

> **ポイント** 植物は基本的にはどの細胞からも植物個体を再生できる能力，分化全能性を有している。本章では，植物独自のバイオテクノロジーに焦点をあて，植物の組織培養技術や植物の遺伝子組換え技術を利用した新しい品種の確立等を説明する。

　植物は，地球上の温帯地帯，高山地帯，乾燥地帯，熱帯地帯に至るほとんどの場所に生育している。地球上に存在する植物の多くは，光合成によって太陽エネルギーと大気中の二酸化炭素，及び水を用いて炭化水素を作り出せることから，地球環境においては一次生産者として機能している。すなわち，地球上におけるすべての生物の生存は植物や藻類等の光合成に依存していると言っても過言ではない。そのため，植物の生命現象を科学的に解明し，植物の生理現象と働きを高度に利用することは，私達の生活に対しても大きな利益を及ぼすことになる。事実，私達の毎日の生活は多くの植物バイオテクノロジーによって支えられている。例えば，毎日の食卓を賑わすじゃがいも，アスパラガス，いちご等は病気に汚染されていない植物体を試験管内で組織培養することでウイルス等の病原菌を持っていない苗を作成することで得られており，また，美しい花を楽しませてくれる一部のランは試験管内での培養により作成したクローン植物を利用している。さらに，近年では，遺伝子導入技術を用いてこれまでなかった青いカーネーションや青いバラ等も作成されている。このように，植物のバイオテクノロジーは，私達の生活や環境をより豊かにする技術であると同時に，植物の営みや仕組みを分子レベルで理解するための基礎研究にも役立っている。そこで，この章では，様々な分野で実際に使用されている植物のバイオテクノロジーについて紹介すると共に，近年新たに確立された植物の遺伝子組換え技術についても紹介したい。

1. 植物の組織培養技術

　植物細胞の特徴の一つに分化全能性がある。分化全能性とは，葉や茎等に一度分化した細胞が未分化な状態に脱分化した後，再分化して植物体になれる能力のことである。動物細胞における分化全能性は，受精卵等の特殊な細胞に限られた能力であるが，植物においては受精卵に限らず，茎や花等のすべての体細胞が備えている一般的な能力である。

第5章 植物のバイオテクノロジー

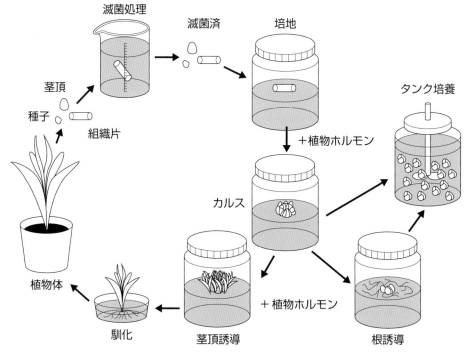

図 5-1 植物組織培養の概要

　従来，体細胞の分化全能性は植物固有の性質と考えられてきた。近年になり，動物においてもiPS細胞のように，遺伝子導入を行うことにより体細胞に分化全能性を付与することが可能であることが示されてきた。このことから，体細胞の分化全能性は必ずしも植物固有の性質ではないことは明らかであるが，動物のiPS細胞では人為的な遺伝子導入が必要であるのに対し，植物においては通常の体細胞が培養条件の調節等により，容易に脱分化・再分化が可能である点において，分化全能性は植物の特有の性質と言える（図5-1）。

　植物の組織培養には，表5-1に示すMS（Murashige and Skoog）培地のような，安価な完全合成培地がよく用いられる。植物組織培養用培地は，基本的に園芸用肥料（ハイポネックス等の無機塩類混合物）に糖類（スクロースやグルコース等）とビタミン類を加えたものである。植物は通常光合成により必要な糖類を得ているが，組織培養においてはスクロース等を培地中に加えることにより，光合成を行わなくても細胞を増殖させることができる。また，光は茎頂分化等の特殊な場合を除き組織培養においてはほとんど必要ではない。動物の組織培養では，培地に血清が必要で，培養にもCO_2インキュベーター等の比較的高価な培養装置等を必要とするが，植物の組織培養は比較的安価に実施できるのが特徴である。

　植物細胞の脱分化・再分化は，一般的に培地中へ加えられた植物ホルモンのオーキシン類とサイトカイニン類の量比により制御される。オーキシン類の比率が高いと根に，サイトカイニン類の比率が高いと茎頂に分化すると言われている。両者の中間的な比率では未

表5-1 MS培地組成　　　　　　　　　　　　　　　　　　　　　　　　　　　（mg/L）

分類	成分	量	分類	成分	量
主要無機塩	KNO_3	1,900	ビタミン等	ミオイノシトール	100
	NH_4NO_3	1,650		L-グリシン	2
	$CaCl_2 \cdot 2H_2O$	440		ニコチン酸	0.5
	$MgSO_4 \cdot 7H_2O$	370		塩酸ピリドキシン	0.5
	KH_2PO_4	170		塩酸チアミン	0.1
微量無機塩	$FeSO_4 \cdot 7H_2O$	27.8	糖類	スクロース	30,000
	Na_2-EDTA	37.3	固形化	ゲルライト	5000
	$MnSO_4 \cdot 4H_2O$	22.3			pH 5.8
	$ZnSO_4 \cdot 7H_2O$	8.6			
	H_3BO_3	6.2	必要に応じて植物ホルモン		
	KI	0.83	オーキシン	IAA, NAA	
	$Na_2MoO_4 \cdot 2H_2O$	0.25	サイトカイニン	t-zeatin, BAP	
	$CuSO_4 \cdot 5H_2O$	0.025			
	$CoCl_2 \cdot 6H_2O$	0.025			

分化細胞であるカルスになる。組織片からの脱分化には，植物ホルモンの添加だけではなく，高浸透圧・活性酸素等の非生物学的ストレスが必要な場合もある。

　植物の組織培養には，植物組織片等を無菌化し，無菌的に取り扱う必要があるため，操作はクリーンベンチ（無菌状態の実験台）内で行われるのが一般的である。組織片の無菌化には次亜塩素酸処理や PPM（plant preservative mixture；細菌やカビの成長を抑制する試薬）処理等がよく用いられる。また，茎頂培養，カルス培養，無菌化植物の培養にはゲルライトやファイトアガー（植物組織培養用寒天）で固形した培地が用いられ，培養細胞や根培養では液体培養がよく用いられる。細胞増殖には酸素供給が必要であるが，振とう培養による通気で十分な場合が多く，タンク培養等でのみ専用の給気装置が必要となる。無菌化植物や再分化した植物体は，培養中の湿度がほぼ飽和状態であることから乾燥状態には弱いのが一般的である。再分化した植物体を直接植木鉢等へ植え替えると，枯死してしまう場合が多いので，培養状態から自然栽培状態へ徐々に慣らしていく馴化処理が必要である。ショ糖等の炭素源の減量，高湿度条件下での水耕栽培，乾燥状態への馴化，無菌化土壌への移植等，時間をかけて経時的に馴化処理を行うことで，自然栽培状態で生存できるようになる。

　植物の組織培養技術は，1980年代頃から野菜等の新品種開発技術として頻繁に使用されるようになった。自然交配による品種改良法では，十年以上の長期間にわたり，広い農地を必要とするのに対し，組織培養法では実験室内で，数年程度で新品種を確立することができること等から，有用なバイオテクノロジー技術の一つであろう。

第5章 植物のバイオテクノロジー

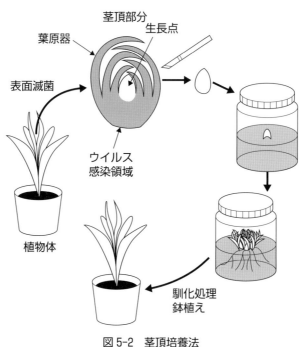

図 5-2 茎頂培養法

（1）茎頂培養法

茎頂培養法は茎頂，いわゆる芽を切り取って無菌的に培養する方法である（図 5-2）。挿し芽をイメージするとよいが，茎頂培養においては従来の挿し芽とは異なり，茎頂内の生長点付近 0.1 mm～数 mm 部分のみを無菌的に切り出して培養する。生長点付近のごく一部の組織のみを用いることから，挿し芽のようにそのままでは生長，発根させることができないので，培地で無菌的に培養を行う必要がある。

茎頂培養法は，省スペースで大量に植物体を繁殖させたい時によく用いられる方法である。また，本方法はウイルスに感染していない植物（ウイルスフリー植物）の作成にもよく用いられる。自然界で生育する植物にはしばしばウイルスが感染している。ウイルス感染により植物がすぐに枯死する場合もあるが，見た目はほとんど影響が見られない，または軽い症状しか起こさないものも多い。例えば，いちごに感染するウイルスとして，ストロベリー・モトル・ウイルス（SMoV），ストロベリー・ベインバンデング・ウイルス（SVbV）等が知られており，これらのウイルスの重複感染により，イチゴ偽実（通常食べる果肉部分，萼部分が肥大化したもの，本当の果実は表面のゴマ状種子）が小型化する。一年目には大きな実を付けていたいちご苗が，年々実の大きさは小さくなっていく現象は，これらウイルス等がいちご苗に感染したことが原因の一つである。ウイルスは維管束系や原形質連絡を通じて，植物全体に伝播してしまうが，生長点付近の細胞にはウイルスが感染していないことが知られていた。そこで，生長点付近（0.1 mm～数 mm 部分）を無菌的に取り出し，茎頂培養を行い，植物体に再生後，鉢植えに植え替えることで，ウ

イルスフリーのいちご苗を得ることができる。生長点は極めて小さいために，その切り出しにはクリーンベンチ内で，低倍率顕微鏡（100倍程度）で観察しながら，微細切り出しナイフを用いる必要がある。

　茎頂培養によるウイルスフリー植物の例としては，いちご，自然薯，さつまいも，シクラメン，ゼラニウム等が知られている。また，茎頂培養法は，株分けでしか増やすことができなかった胡蝶蘭やエビネ等のランを大量生産する場合にも用いられており，現在ではこれら高級植物を茎頂培養技術で大量生産することで，気軽に購入できるようになった。

（2）葯培養法

　葯は雄蕊先端の花粉が入っている袋状構造の器官である。葯を直接，または葯内の花粉細胞や花粉原細胞を培養して植物体を再生させる技術を葯培養法という（図5-3）。花粉や花粉原細胞は減数分裂により，染色体数が半減した半数体（一倍体）の細胞であり，半数体細胞から再生した植物体は半数体植物と呼ばれ，多くの植物種で作成可能である。半数体植物は，遺伝子変異がそのまま表現型となるために，遺伝子機能の研究や劣性変異表現型植物体の作成によく用いられる。半数体植物はそのままでは種子を作成することができない。そこで，再生前の半数体細胞に，コルヒチン処理等の倍加処理でホモ二倍体細胞にした後に植物体に再分化させ，自家受粉により種子を作成して，品種として確立する場合がある。自然交配による純系（自家受粉により安定した形質が維持される系統）確立のためには，自家受粉を10世代以上行う必要があるが，葯培養法により自然交配を行うことなく，短期間で，効率的に純系を確立することができるようになる。特に，自然交配では育種が難しい劣性表現型植物体の作成が比較的容易であることから，新しい表現型を持

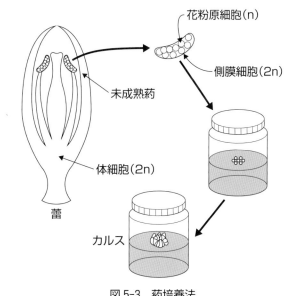

図5-3　葯培養法

つ植物体の作成手段としてしばしば利用される。

　葯培養法では，開花前の蕾から未熟葯を分離する必要がある。蕾内は無菌状態なので，無菌状態の葯を得るのは比較的容易である。葯中の花粉は二倍体細胞である花粉母細胞から減数分裂により花粉原細胞へ，その後成熟して花粉へ分化していき，一般的に分化の進んだ花粉では細胞増殖活性が失われている。そこで，培養可能な花粉原細胞や花粉を得るためには，どの発生段階の蕾を用いるかを知る必要がある。ユリ等では蕾の長さと花粉の減数分裂が同調することが知られているので，蕾の長さを指標に花粉原細胞や花粉を得ることが可能であるが，一般的には，蕾を外から見ただけでは花粉の成熟段階はわからないので，植物種ごとに花粉の成熟段階を調べておく必要がある。未熟葯をそのまま，または葯内細胞のみを顕微鏡下で，分離した後，Nitsch and Nitsch 培地（一倍体のタバコを培養するための培地として1969年に報告された培地）等の葯培養用培地でカルス培養を行い，カルスを再分化培地で培養することにより，植物体へ再生させる。

　一般的に，半数体細胞のカルスは増殖が不安定で，異数体細胞（染色体数が異常な細胞）やそれらが倍化した二倍体細胞が生じやすい。さらに，葯内には半数体の花粉原細胞や花粉以外に，二倍体の側膜細胞（花粉形成を支える細胞）が存在する。二倍体細胞は半数体細胞より増殖が速く安定しているために，半数体細胞ではなく，二倍体細胞から再分化した植物体を得てしまう場合も多い。カルスから，半数体細胞を選抜，または再生した植物体では染色体数の確認が必須である。

　葯培養法は，通常の交配による品種改良より，早く効率的に行えることから，穀類や野菜等の栽培品種の改良によく用いられてきた。イネ栽培品種コシヒカリやなす，ししとう，はくさい等の品種改良に葯培養法が用いられたことは有名な話である。近年では，葯培養法を用いて単為結果性なすの新品種「省太」（2013年）や黒枯病抵抗性ピーマン（2012年）等が作成されている。

（3）胚培養法

　種間雑種では，しばしば雑種強勢（雑種第1代が生産性，病害抵抗性等において，両親のいずれの系統よりも優れる現象）が見られる。植物においては，動物より種間・属間雑種が比較的生じやすいことから，異種間交配等により野生品種が持っている病害抵抗性等の有用形質を栽培品種へ導入することがしばしば行われてきた。雑種は近縁種間では生じやすいが，遠縁種間では得られない場合が多い。雑種が得られない原因の一つとして雑種胚の発育停止がある。雑種胚の発育停止は，胚自体が増殖しなくなる場合の他に，母体である雌蕊の子房体（雌蕊の基底部分）の拒絶反応により発育が停止させられる場合がある。受粉後の子房体内部には，受粉した胚珠（種子になる部分）が含まれている。胚培養法では，胚発生の途中で，子房体による拒絶反応が起きる前に雑種胚を摘出し，適切な培地で発生させることにより本来得られない雑種を得ることができる（図5-4）。

1. 植物の組織培養技術

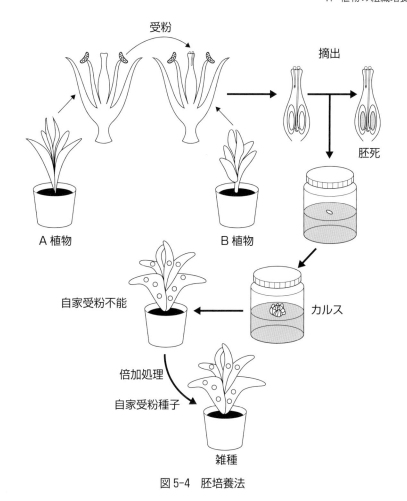

図5-4 胚培養法

　一般的に，分離された胚は，元来胚発生の能力を有しているので，植物体への再生は比較的容易である。ただし，雑種のために自家受粉による次世代種子はできないので，F1世代の花芽に対して，コルヒチンによる倍加処理を行い，複二倍体植物として品種確立される場合が一般的である。葯培養法に比べ，脱分化や再分化を伴わないことから，植物体における変異は比較的少ない。

　胚培養法で作成された野菜としてもっとも有名なものは，1959年に西らによって作成されたハクラン（キャベツとはくさいの雑種）である。はくさい（*Brassica rapa* var. *pekinensis*）とキャベツ（*Brassica oleracea* var. *capitata*）はいずれもアブラナ科アブラナ属の近縁種であるが，交配不能で雑種を得ることはできない。この原因は，子房体における拒絶反応であったため，両種を交配した後，雑種胚を摘出して胚培養を行うことで雑種植物体を得ることができた。得られた雑種植物体は雑種不稔（子孫を生じない）であるので，倍加処理を行い自家受粉可能な新品種ハクランが作成された。同様に，胚培養法を用いてキャベツと小松菜（*Brassica rapa* var. *perviridis*）の雑種胚から千宝菜，またペポカボチャと日本カボチャピンクの雑種胚からミニカボチャのプッチーニ等も得られている。

また，テッポウユリには従来白色品種しか存在せず，他品種との交雑が不可であったために色のついたテッポウユリは作出不可能であるとされてきたが，胚培養法によりテッポウユリ「ジョージア」とスカシユリ「歌声」から雑種品種である赤色テッポウユリ「ロートホルン」が作出された。

(4) カルス培養法

　分化全能性は植物細胞の特徴であるが，組織や器官に分化した細胞から直接植物体に再分化させることはできない。植物体へ再分化するためには，分化した細胞を一旦脱分化して未分化な状態にする必要がある。脱分化した状態の細胞がそのまま増殖した状態をカルスと呼ぶ（図5-1，p.68）。にんじんを輪切りにして放置しておくと，内皮部分（中央の丸い模様部分）が盛り上がってくるが，この盛り上がってきた部分がカルスに最も近い状態で，蒸し芋のようなホクホクした細胞塊より形成されている。

　植物のカルスは，植物ホルモンのオーキシン類とサイトカイニン類のバランスで誘導可能である。オーキシン類とサイトカイニン類は機能的に類似した機能を持つ物質の総称であり，オーキシン類としてインドール酢酸やナフタレン酢酸等が，サイトカイニン類としてt-ゼアチンやベンジルアミノプリン等の構造的に多様な物質が含まれている。相対的にオーキシン類が多い場合には根への分化が，サイトカイニン類が多い場合には茎頂への分化が誘導される。両者の中間的な比率では，茎頂にも根にも分化せず，未分化で不定形のカルスのままで増殖することになる。

　カルス細胞は脱分化した，分化全能性を持った細胞であり，植物体へ再分化できる細胞状態であるが，カルス状態での増殖が長く続くと変異（異数体や突然変異体）が生じやすく，最終的に増殖能の喪失，再分化能の消失を招くことが知られている。また，カルスは，茎頂，根，植物体への再分化の起点として利用されるが，分化全能性を維持したままの長期培養が困難であること，動物細胞に比べ凍結保存が困難であること，植物体の栽培に比べ比較的高コストであること等から，カルス単独での使用は近年あまり行われなくなってきた。しかし，カルス単独での使用例もいくつか報告されている。三井石油化学（現・三井化学）は，薬用植物ムラサキの根をカルス細胞の状態で大量増殖させ，紫色の色素であるシコニンを大量生産することに成功した。このシコニンは口紅等の化粧品に使用され，カネボウ化粧品よりバイオ口紅として販売されて一躍有名になった。また，近年では，朝鮮にんじんをカルス化してタンク培養することにより，安定した品質管理が容易となり，朝鮮にんじんの代用に使用されている。

(5) プロトプラスト培養法

　プロトプラストとは細胞壁を取り除いた単細胞状態の植物細胞のことである。プロトプラストは当初，植物ウイルスの感染・複製機構研究のためのモデル細胞として用いられて

1. 植物の組織培養技術

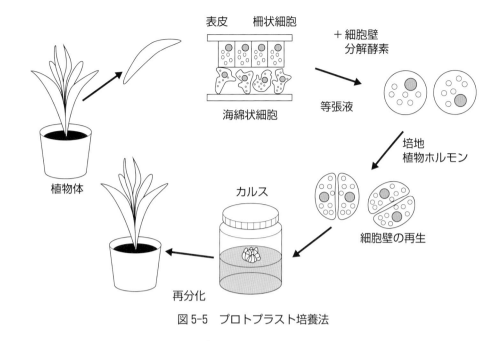

図 5-5　プロトプラスト培養法

きたが，プロトプラストを培養することにより，一細胞由来の植物体を再生させられるようになり，植物バイオテクノロジーのツールの一つとなった（図 5-5）。

　植物細胞は通常，セルロースやペクチン等の多糖類からなる強固な細胞壁に覆われている。植物細胞は細胞壁を介して細胞同士が接着しているので，茎頂培養やカルス細胞から植物体を再生させる場合，必ず複数細胞から植物体が再生し，一細胞由来の植物体を得ることは極めて困難である。突然変異細胞や様々な形質転換法で遺伝子導入された植物体を再生させる場合，複数細胞に由来する植物体が得られてしまうと，性質の異なるキメラ植物体となるために大きな障害となる。そこで，一細胞由来の植物体を作成する技術が必要となった。プロトプラストでは，細胞壁が取り除かれることにより細胞同士が離れ，単細胞状態の植物細胞となるので，プロトプラストを培養することにより一細胞由来の植物体を得ることができる。

　植物細胞は細胞壁があるために，培地のような低張液中でも破裂することはないが，細胞壁が取り除かれてプロトプラストになると細胞は吸水して破裂してしまう。プロトプラストを調製する場合には，培養液にマニトールやスクロース等を加えて，浸透圧を調整する必要がある。プロトプラストを作成するために，当初は浸透圧調整された培養液中で植物組織を機械的に破砕する方法が用いられたが，破砕条件が難しい上に収量も悪いことから，この方法が広く一般化することはなかった。日本のヤクルト薬品工業等は，木材腐朽菌 *Trichoderma viride* や *Aspergillus japonicus* 等から細胞壁分解活性が極めて高い細胞壁分解酵素（セルラーゼ オノズカ R10 や Pectolyase Y23 等）を販売していた。従来の細胞壁分解酵素には細胞壁分解活性の他に，高い細胞毒性があったために，プロトプラスト

作成には不向きであったが，細胞毒性の低い細胞壁分解酵素の開発，及び実験条件の最適化により，多数のプロトプラストを容易に作成できるようになった。プロトプラスト化された細胞はNT培地（nagata and takebe培地，タバコプロトプラストを培養するために1970年に報告された培地）等のプロトプラスト培養用培地，及び適切な植物ホルモンを添加することで細胞壁を再生し，一細胞由来のカルスを誘導することができる。プロトプラストから誘導されたカルスは細胞壁が再生しているので浸透圧調整の必要はなく，通常のカルス培養法により植物細胞を増殖させ，再分化培地等で植物体へ再生させることができる。

プロトプラストには細胞壁がないことから，後述するPEG法やエレクトロポレーション法，マイクロインジェクション法等により遺伝子導入を行うこともでき，遺伝子組換え植物体を作成するツールにも使用されてきた。また，プロトプラスト同士の細胞融合も可能であることから，融合細胞由来植物体を作成するときにも使用されてきた。現在でも，遺伝子導入の簡便さから，植物細胞内での一過的な遺伝子発現やたんぱく質機能解析のツールとしては，しばしば利用されている。

プロトプラスト培養法により開発された栽培品種としてイネ品種「初夢」が知られている。1980年代に，コシヒカリ由来プロトプラストから確立された品種で，出穂，成熟期が約1週間遅く，短稈かつ強稈（稲の茎が短いうえ，強い）で倒伏に強い上，収量が10％程度多いのが特徴である。同様に，イネ品種「夢ごこち」は，1990年代に，同様にコシヒカリ由来プロトプラストから確立された品種で，アミロース含量が2％程度低く，冷めても固くならない低アミロース米として，植物工学研究所で開発された。また，融合細胞由来の新品種としては，オレンジとカラタチのプロトプラストの融合植物であるオレタチ，メロチャ（メロンとかぼちゃの融合植物），トマピーノ（トマトとペピーノの融合植物），バイオハクラン（キャベツとはくさいの融合植物）等があり，すでに市販されている。

(6) 再分化

カルスやプロトプラスト等の未分化状態の細胞から，茎頂・根・花芽・植物体等の分化状態に再生することを再分化という（図5-1）。植物細胞の再分化は，一般的に植物ホルモンのオーキシン類とサイトカイニン類の量比で制御され，サイトカイニン類の比率が高い場合には茎頂が，オーキシン類の比率が高い場合には根が誘導され，両者の中間的な比率で未分化なカルス状態が維持される。また，植物細胞の脱分化や再分化には，前述した植物ホルモンであるオーキシン類とサイトカイニン類以外にもブラシノステロイドやストリゴラクトンが必要であることが近年明らかになってきている。また，特殊な条件下では，一細胞が直接胚発生様増殖を始めて植物体となる不定胚形成が誘導される場合もある。一方，花芽を直接誘導することは，長年の研究にもかかわらず，ごく限られた植物種

でのみ可能であり，一般的には困難である。茎頂分化が誘導された植物組織は，植物ホルモンなし培地，または根誘導培地で発根させることにより植物体へ再生させることができる。一度，再生された植物体は馴化処理を経て土壌に移植後，自家受粉等により子孫を増やすことができるようになる。

　北アメリカ原産のハエトリグサや東南アジア原産のウツボカズラ等の食虫植物は，自然保護の視点からワシントン条約で輸出入が全面禁止されているが，夏場になると園芸店で安価に販売されている。これらの食虫植物は，組織培養が比較的容易であることから，市販されている食虫植物は組織培養により植物体が再生されたものである。

2. 植物の遺伝子組換え技術

　植物の新品種を作成するには，掛け合わせによる遺伝子の混合が主に使われていた。しかし，このような掛け合わせは同種間，または非常に近縁種間でのみ可能なことから，新品種作成においては限界が存在していた。しかし，近年，掛け合わせによる遺伝子の混合という方法ではなく，特定の遺伝子だけを植物に導入することが可能となり，種を越えた育種が可能となった。そこで，ここでは，植物の新品種作成に対して新しい道を提供することになった植物の遺伝子組換え技術について紹介する。

（1）パーティクルガンを用いた遺伝子導入法

　植物細胞内で発現させたい特定の遺伝子を細胞内に運ぶためには，当該遺伝子を機械的に植物細胞内に直接送り込むことが一つの方法となる。1987年に，コーネル大学のサンフォードらのグループは，植物細胞に遺伝子を直接導入することができるパーティクルボンバードメント法を報告した。これは，DNAでコーティングした金属粒子を音速以上に加速して植物細胞に打ち込み，細胞壁，細胞膜を貫通させて細胞内に金属粒子を導入するという方法である。金属粒子を加速する方法としては，火薬を用いるショットガン方式，電気の力を利用するアーク放電方式，高圧の窒素やヘリウムを用いる高圧ガス方式，圧縮空気を用いるエアガン方式等があるが，現在では安全性や再現性の良さ等から，高圧ガスを用いる方法がよく使われている。また，DNAをコーティングする金属粒子としては，タングステンや金，銀，ジルコニア等が報告されている。この方法では，まず導入するDNA（通常は大腸菌で増やすことが可能となるように環状DNAであるプラスミドDNAを用いる）を塩化カルシウム，スペルミジン等と共に処理することで，金粒子の表面にコーティングした後，マイクロキャリアという膜上に添加する。遺伝子を打ち込む試料としては，たまねぎの表皮細胞や様々な植物の葉，培養細胞等ほとんどの植物試料に適用できる。これらの試料を資料室に入れて低真空にした後，特定の圧力になると穴が開くラプチャーディスクをセットし，ヘリウムガス圧を上げる。このラプチャーディスクは，特定

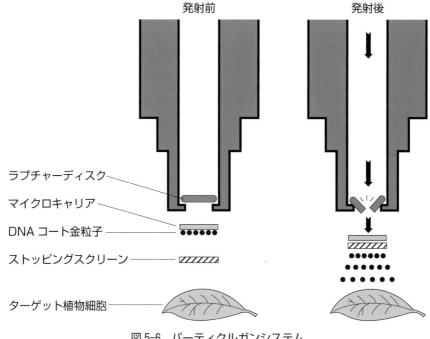

図5-6　パーティクルガンシステム

の圧力になると壊れるようになっており，その時に一気に噴出する高圧のヘリウムガスにより，DNAをまぶした金粒子が添加されているマイクロキャリアがマイクロキャリア止めに激しくぶつかり，その結果，金粒子が高速で飛び出し試料にぶつかるようになる。この方法では，遺伝子を植物細胞内で一過的に発現させることもできるし，実際に導入遺伝子を核ゲノムに挿入し，安定的，継続的に遺伝子を発現させることも原理的には可能である。しかし，現在では安定的な形質転換体の作成には後述するアグロバクテリウム法が広く用いられるようになったため，パーティクルガンによる遺伝子導入は，目的たんぱく質にGFP（緑色蛍光たんぱく質）を融合したたんぱく質を用いた細胞内局在解析やたんぱく質の機能解析等で主に利用されるようになった（図5-6）。

（2）ポリエチレングリコール（PEG）等を用いた遺伝子導入法

　植物の細胞融合等に用いられているポリエチレングリコール（PEG）をDNAと一緒に細胞に処理すると，効率よくDNAが細胞に取り込まれることが知られている。このDNAの取り込み原理は完全には解明されていないが，DNAを含むポリエチレングリコールの小胞が細胞膜と融合するために，DNAが細胞内に送り込まれるのではないかと考えられている。ところが，植物には細胞壁が存在するため，この取り込み効率が非常に悪くなる。そこで，このPEG法を用いる場合は，植物の細胞壁を取り除き，ばらばらにした裸の細胞，プロトプラストを用いる場合が多い。プロトプラストは，植物細胞の細胞壁を消化するセルラーゼや細胞をばらばらにするペクトリアーゼ等の酵素で処理することで作

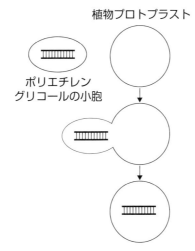

図 5-7　ポリエチレングリコールとプロトプラストを用いた遺伝子導入

成する。この方法は，パーティクルガン等の特別な装置を必要とせず，比較的安価に遺伝子導入が可能なため，プロモータ活性試験やたんぱく質の細胞内局在解析，細胞内たんぱく質の相互作用解析等によく用いられている。一方，プロトプラストを作成する必要があり，また，遺伝子導入したプロトプラストを最低でも数時間以上培養しなければならない等の技術的な難しさがある（図 5-7）。

(3) エレクトロポレーションを用いた遺伝子導入法

この方法は，高電圧のパルスによって DNA を細胞内に導入する方法である。PEG 法と同様に，植物の細胞壁を消化することで作成したプロトプラストと導入したい遺伝子が混在した液に高電圧のパルスを加えると，細胞膜に穴が生じそこから DNA が入っていく。この方法は，遺伝子導入後のプロトプラストの管理が難しいこと，生存率があまり高くないということ，適切な電圧をかけないと植物細胞の生存率が下がること等から，難しい技術である（図 5-8）。

(4) マイクロインジェクションを用いた遺伝子導入法

これは，顕微鏡下で，非常に細いガラスの管（マイクロキャピラリ）等を用いて，導入したい遺伝子を直接細胞内に導入する方法である。花粉や葉，体細胞培養細胞等，基本的にはどのような植物細胞においても前処理なしで遺伝子を導入することが可能であるが，高価なマイクロインジェクション装置が必要なことや熟練の技術が必要なこと等から，本方法を用いた遺伝子導入は簡便な方法であるとは言い難い。

(5) アグロバクテリウムによる遺伝子導入法

多くの双子葉植物では，茎や幹の基部，根等に腫瘍が形成される根頭がん腫病（crown

第5章 植物のバイオテクノロジー

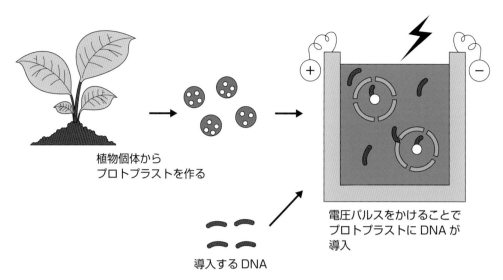

図5-8 エレクトロポレーションによるプロトプラストへの遺伝子導入

gall disease）が古くから知られていた。20世紀の初めに，この病気は*Agrobacterium tumefaciens*というグラム陰性土壌細菌が宿主植物の根や根端等の傷口から入り込むことで引き起こされることが明らかになった。さらに，1970年代になり，この根頭がん腫病は*A. tumefaciens*が持つTi（tumor-inducing）プラスミド（この菌が腫瘍を誘発するために必要な環状DNA）に由来することも明らかになった。さらに，この菌の感染により生じた腫瘍細胞のゲノムDNAを調べたところ，Tiプラスミドの一部であるT-DNA領域が組み込まれているという驚くべき事実も明らかになった。このT-DNA領域には，感染した*A. tumefaciens*が栄養源として利用できる各種オパインを合成する酵素の遺伝子や，植物細胞の分裂促進や肥大化を引き起こす植物ホルモンであるサイトカイニンやオーキシンを合成する酵素の遺伝子が含まれている。すなわち，*A. tumefaciens*は自身のTiプラスミドからT-DNA領域を感染した植物細胞の核DNAに挿入することで，植物細胞に自身の栄養源を作らせ，その生産効率を増加するために植物細胞を腫瘍化させていたのである。この機構が明らかになることにより，人類はこの自然現象を利用して植物細胞に自分の目的とする遺伝子だけを導入する技術を確立することができた。

この*A. tumefaciens*の持つ遺伝子組換え現象を植物の遺伝子組換え技術として確立し利用するには，Tiプラスミドから腫瘍形成やオパイン合成に関与する遺伝子を取り除き，遺伝子導入能力は保持したまま，腫瘍だけを形成できないようにする必要がある。Tiプラスミドは長さが150～240 kbpにもなる巨大なプラスミドであり，この中に植物ゲノムに組み込まれる20 kbp（bp：塩基対）程度のT-DNA領域と腫瘍化に必要な*vir*遺伝子領域，植物ホルモンであるオーキシンやサイトカイニン産生に必要な*aux1*, *aux2*, *cyt*遺伝子等が存在している。そこで，これらの遺伝子の中から，腫瘍形成に関与する遺伝子を排除し，その代わりに目的の遺伝子を導入できるようにこのプラスミドを改良した。この

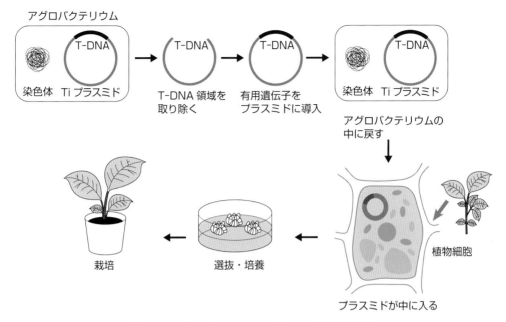

図 5-9 アグロバクテリウムを用いた遺伝子導入法

時, T-DNA の両末端に存在する 25 bp からなるボーダー配列（BR と BL, BR：right border, BL：left border）が T-DNA が実際に植物のゲノムに挿入されるときに必要であることがわかっていたので, この部分の配列を導入遺伝子の両末端に配置した。また, *vir* 遺伝子のいくつかは T-DNA の切り出し, 移行, 組込みに必須であることも明らかになったので, この必要最低限の *vir* 遺伝子だけを持つミニプラスミドを作成し, これを導入した *A. tumefaciens* 株を別に作成しておいた。また, 作成したベクターが *A. tumefaciens* と大腸菌の両方で複製が可能であるように工夫することで, 大腸菌を用いたベクターの作成が可能になるように配慮した。さらに, 遺伝子が導入された植物細胞のみを選抜するために, BR と BL 領域の間に抗生物質をはじめとする選抜可能なマーカー遺伝子を導入した。

　植物細胞へ目的遺伝子を導入するためには, まず, *vir* 遺伝子を含むミニプラスミドを保持している *A. tumefaciens* 株に作成したベクターを導入する。この *A. tumefaciens* 株を形質転換したい植物に感染させるのだが, その方法としてはタバコ等で主に用いられるリーフディスク法, シロイヌナズナ等で用いられる減圧浸潤法（vacuum-infiltration）, イネ等で用いられる胚盤上皮細胞由来カルスを用いる方法等が知られている。どの方法にしても, 導入遺伝子を保持する *A. tumefaciens* 株を植物に感染させることで目的遺伝子を植物の核 DNA に導入し, DNA が導入された細胞を抗生物質等で選抜し, 必要があれば選抜細胞を再分化させて, 形質転換個体を得るという手順をとる（図 5-9）。

3. 遺伝学的手法を用いた植物遺伝子解析法

　生物の形質は，DNAを形成するヌクレオチドが持つアデニン（A），グアニン（G），シトシン（C），チミン（T），4種類の塩基の配列で決まる。2000年以降，植物ではシロイヌナズナ（2000年）とイネ（2003年）の全ゲノムの塩基配列が国際ゲノム解析プロジェクトチームにより決定された。これ以降，塩基配列決定技術の飛躍的な向上により現在ではミヤコグサ，トマト等の全ゲノム配列が明らかになり，50種類以上の植物ゲノムの解析が進行している。このように多くのゲノムの配列が明らかになってきたが，配列情報だけで遺伝子の機能を知るのには限界があり，未だに機能が不明な遺伝子が数多くある。このような中で，特定の遺伝子に突然変異を引き起こし，その遺伝子の機能を改変する方法は，遺伝子の機能を明らかにする上で有力な解析法の一つである。

　DNAに突然変異を誘発するものを突然変異誘発剤というが，これには生物的変異原，化学的変異原と物理的変異原が含まれる。このうち，化学的変異原を用いた突然変異誘発は主に種子やカルス等に使用され，物理的変異原（放射線処理等）を用いた突然変異誘発は種子，カルス，幼苗体，木本植物に適用できる。どのような変異原処理においても，突然変異が多く誘発されれば，細胞は致死となるので，突然変異がどれくらいの割合で生じるかの条件設定は非常に重要である。また，突然変異が誘発される染色体部位はランダムであり，突然変異処理を行った当代では突然変異部位の遺伝子型はヘテロ型となる。そのため，劣性突然変異の場合，表現型から選抜するためには次世代の種子を採集する必要がある。

（1）突然変異株の分離
1）エチルメタンスルホン酸処理による突然変異誘発

　化学変異原として使われる化学物質の多くが揮発性で強力な発がん性の物質である。その中でもアルキル化剤と呼ばれる化学物質はグアニンからアデニンへのトランジッション変異を多く誘発する性質がある。エチルメタンスルホン酸（EMS）もアルキル化剤の一つである。EMS処理による突然変異誘発では，対象を1.0～2.0％水溶液中で処理する必要があるため，植物材料としては種子が用いられることが多い。また，植物種ごとに，EMS水溶液の濃度や処理時間，pH，温度条件等によって，突然変異導入率が異なる。そこで，処理後の種子発芽率や草丈等を指標にして処理条件の設定をする必要がある。また，EMS処理により突然変異を誘発した場合，劣性変異であることが多いため，変異原処理を行った当代（M1世代）では新規の表現型はほとんど認められない。新しい表現型を示す突然変異体の分離はM1世代を自殖させて得られたM2世代を用いる必要がある

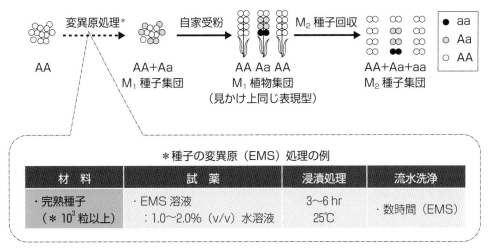

図 5-10 植物の変異原処理による突然変異導入と M_1 種子集団から目的植物の選抜方法

（図 5-10）。

2) 放射線による変異の誘発

植物は固い細胞壁を持つため，変異原が生殖細胞や成長点に届きにくく，また変異原自体が核内に到達しなければ，DNA に突然変異を誘導できない。そのため，DNA への変異導入においては，透過力の高い放射線がしばしば用いられる。変異原としてよく用いられる放射線には，アルファ（α）線やガンマ（γ）線，中性子線等がある。このうち，日本では日本原子力研究開発機構高崎量子応用研究所（TIARA）等の特別な施設で，主にコバルト 60（^{60}Co）を放射線の線源とした γ 線照射処理がしばしば行われている。なお，^{60}Co 等を用いて γ 線照射をしても処理後の対象植物の原子が放射化（放射線を受けた物質が放射性物質に変化すること）することはない。γ 線照射によって DNA が切断された後，修復機構による修復ミスが原因で突然変異が誘発される。

また，炭素等の原子核を高速加速器によって加速したイオンビームを植物に照射して突然変異を誘発する方法が開発されている。イオンビームは γ 線と比較して局所的に大きなエネルギーを与えるため，得られる変異の種類も多様であることが，カーネーションの花色を指標に報告されている。このことから，イオンビームを用いた変異誘発は新品種を作り出す上で有用な突然変異誘発処理方法として注目されている。

（2）遺伝子マッピングによる変異遺伝子の同定

遺伝子の突然変異により，注目する表現型がみられた突然変異系統について，その原因となった変異遺伝子を同定する必要がある場合，遺伝子マッピングを行う。まず，突然変異系統と DNA 多型が出やすい系統を交雑して得られた雑種第 1 代（F1）からさらに F2 等の分離集団を作成し，この集団から変異遺伝子の劣性ホモ型の表現型を示す個体を選抜する。選抜した F2 を自殖させて得られた F3 世代劣性ホモ型個体群の染色体は，突然変

第 5 章　植物のバイオテクノロジー

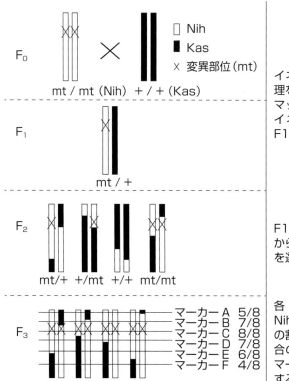

イネ日本晴れ（Nih）品種に変異原処理を行い突然変異（mt）を誘導した。マッピングを行うために，多型のあるイネカサラス（Kas）品種を交雑しF1 を得た。

F1 を自殖させて得られた，F2 集団から目的の表現型を示す個体（mt/mt）を選抜し，自殖させて F3 を得る。

各 DNA マーカー（A〜F）部位で，Nih 型を示す数を染色体 8 本当たりの割合を求める。その結果，Nih の割合の多い領域，つまり突然変異 X はマーカー B とマーカー D の間に位置すると推測できる。

図 5-11　イネ品種を例にした変異遺伝子同定のためのマッピング方法

異遺伝子領域近傍は突然変異系統の DNA 多型を示し，突然変異遺伝子領域から距離が遠くなると，交雑に用いた系統の DNA 多型が示される。このようにして，F3 世代の個体群を用いて染色体上の突然変異遺伝子領域を狭めていき，遺伝子領域を限定した後，塩基配列解析を行って突然変異部位を確認する。最終的には，同定した原因遺伝子の野生型遺伝子を突然変異系統に戻して，変異表現型が野生型に回復するかを確認する。マッピングの際，DNA 多型に対応する DNA マーカーが用いられるが，ゲノム情報の充実と PCR（ポリメラーゼ連鎖反応）法等の使用により，ゲノム上の数塩基の繰り返し回数の違いに着目した SSLP マーカーや制限酵素認識部位に注目した CAPS マーカー等がしばしば用いられる（図 5-11）。

4. 新しい遺伝改変法と遺伝子組換え技術を利用した新品種の育成

（1）特定遺伝子の機能改変技術

動物や微生物では，DNA の相同組換え（DNA が配列相同性のある部位で組み換わる

こと）を用いることで特定遺伝子を狙って機能破壊を起こすことが可能である。植物にもこのような相同組換えの機構は存在するが，植物では導入した遺伝子が相同組換えをおこす確立が低く，この相同組換えを利用して人為的に特定の遺伝子だけを破壊することが一般的に難しい。そこで，植物における特定遺伝子の機能の抑制や破壊は，転写産物を制御する方法で行われることが多い。その一つは，植物細胞内でアンチセンス RNA を発現させることである。通常の遺伝子の転写で作られるアミノ酸をコードしている mRNA をセンス RNA と呼ぶが，このセンス RNA と相補的な塩基配列を持ち，センス RNA と二本鎖を形成する RNA をアンチセンス RNA と呼ぶ。この方法では，抑制や破壊を行いたい特定遺伝子の RNA 配列と相補的な配列を持つ RNA を植物細胞内で発現させることで，特定の RNA が二本鎖 RNA となり，これによりたんぱく質合成が阻害されると共に，細胞の分解機構により二本鎖 RNA が排除される。もう一つの方法としては，特定遺伝子の配列をもつ二本鎖 RNA を細胞内で発現させることにより特定遺伝子の RNA を分解する RNAi 法（RNA interference）があげられる。どちらの場合でも，アンチセンス RNA や二本鎖 RNA が細胞内で発現するベクターを作成し，これを植物に導入することで，特定の遺伝子機能を抑制または破壊する。

　近年では，ゲノム編集（genome editing）と呼ばれる技術を用いた遺伝子機能の破壊や改変も普及し始めた。この方法では，ゲノムを何らかの手段で切断するとその後修復されても完全には元通りにはならないことを利用している。ゲノム編集に用いられる技術としては，TALEN（transcription activator-like effector nuclease）や CRISPR/Cas9 が動物等で利用されているが，植物でも同様な技術を用いてゲノム編集が可能であることがわかってきた。TALEN 法では，植物病原細菌 *Xanthomonas* 属が産生する TAL という植物細胞内に分泌されるエフェクターたんぱく質の DNA 結合ドメインと *Fok* I ヌクレアーゼという DNA 切断酵素の DNA 切断ドメインを融合した人工たんぱく質を利用して特定の遺伝子を改変する。この DNA 結合ドメインは 34 アミノ酸の繰り返し配列からできており，34 アミノ酸の配列が標的 DNA の 1 塩基を認識する。そのため，この 34 アミノ酸からなる繰り返し配列を特定の標的遺伝子の DNA の塩基配列に合うように並び替えることにより，任意の標的配列に結合可能な DNA 結合ドメインを作成できる。この時，2 組の TALEN 分子がゲノム上で特定の配列上で向き合うように設計することで，標的配列上で *Fok* I ドメインが 2 量体化することでヌクレアーゼ活性を示し，その領域の DNA が切断される。この DNA の切断は，植物細胞が持つ遺伝子修復系により修復されるが，その時に標的配列上に欠損や挿入等の変異が入る場合が多く，これにより，特定遺伝子の機能が喪失する。

　一方，CRISPR/Cas9 では，切断酵素である Cas9 と切断部位を規定する guide-RNA を独立に植物細胞内で発現させることで特定遺伝子の編集を行う。この方法では，標的配列に応じて変更が必要なのは guide-RNA 中の約 20 bp であることから，ベクター作成が非

常に容易であり，動物等の研究では盛んに用いられて多くの研究成果が既に得られている。このCRISPR/Cas9は植物においても利用可能であることが最近になってわかってきており，今後は植物における多くの特定遺伝子の改変にこの方法が利用されてくるであろう。

(2) 実用化されている遺伝子組換え植物
1）病気に強い植物

自発的移動手段を持たない植物は，自然界において多くの病原菌と接触の機会を持つことになる。植物は本来，これら多くの病原菌に対して有効に機能する免疫系を持っているが，侵入する病原菌を認識できないか有効な免疫反応を誘導できない場合，病原菌の感染を許してしまう。植物は，様々な病原菌が持つ特定の分子を認識して免疫反応を誘導する。このような免疫反応誘導分子として，植物にモザイク病を発症するタバコモザイクウイルス（TMV）の外皮たんぱく質（coat protein）がある。植物は，非病原性や弱毒性のTMV株の外皮たんぱく質を認識して強毒性のTMVに対しても有効な免疫反応を誘導するので，この外皮たんぱく質の遺伝子を導入した植物では免疫反応が誘導されTMVの感染に対して耐性を示す可能性が考えられた。そこで，このような外皮たんぱく質を恒常的に発現する遺伝子組換えタバコを作成し，強毒性のTMV株を接種したところ，顕著な病斑形成は認められず，この遺伝子組換えタバコはTMV感染に対して強い抵抗性を示すことが明らかになった。このようなウイルス耐病性植物としてはタバコの他に，トマト，パパイヤ，じゃがいも等が現在までに作成されて実用化されている。このうち，広く栽培されているのはパパイヤで，ハワイのパパイヤのうち半数以上が遺伝子組換え品種である。この他の免疫誘導認識分子を用いた病害抵抗性植物についても近年多くの研究・開発がなされている。イネは，非病原性の植物病原細菌の鞭毛を構成するたんぱく質であるフラジェリンを認識して免疫反応を誘導するので，このフラジェリンを発現するイネが作成された。この遺伝子組換えイネは，野生株に比べてイネ白葉枯病菌やイネいもち病菌に対して病害抵抗性を示したことからフラジェリンを発現させることで病害抵抗性を付与できることが示された。また，植物が病原菌を認識したときに発現する多くの病原菌関連たんぱく質（pathogenesis-related protein，PR）を恒常的に発現するイネやタバコも特定の病原菌に対して抵抗性を示すことが明らかになっている。このような新しいタイプの病害抵抗性植物は今のところ研究の域を脱していないが，今後，実用化の可能性は高くなるものと思われる。

2）害虫に強い植物

土壌に存在する昆虫病原菌である*Bacillus thuringiensis*は，鱗翅目昆虫に対して強い病原性を有することから，環境に安全な生物農薬として使われてきた。その後，この病原菌が持つ昆虫に対して毒性を示す物質に関する研究が行われ，この病原菌が芽胞形成時に菌体の中につくる結晶性のBtたんぱく質が毒性物質であることが明らかになった。この

たんぱく質が昆虫の消化管の中でアルカリ性消化液により分解を受けると活性化し，消化管の特定部位に存在する受容体に結合することで細胞が破壊され昆虫は餓死する。このBtたんぱく質はヒト，ウシ，ブタ等の哺乳類や鳥類等には影響を及ぼさないことから，Btたんぱく質は他の生物に影響しない環境に配慮した殺虫剤として利用できる可能性が示された。そこで，このBtたんぱく質を恒常的に発現する遺伝子組換え植物が作られたが，当初の組換え植物ではBtたんぱく質の発現量があまり高くなく，食害防除効果が限定的だった。そこで，Btたんぱく質を高発現させるため，導入する遺伝子の配列を植物でよく使われる配列に置き換える等の操作が行われた結果，Btたんぱく質を高発現する植物の作成に成功した。実際に，このような改変を行った遺伝子組換えワタは，ボールワーム等のワタを食害するほとんどの鱗翅目昆虫の防除に有効であり，これにより殺虫剤の散布量を50％以上減少できることが確認された。現在，Btたんぱく質の遺伝子を導入したとうもろこし，ワタ，なたね，じゃがいも等が作成され，アメリカ，カナダ，アルゼンチン，南アフリカ，スペイン，フランス等の各国で実用化されている。

3）除草剤に耐性を示す植物

集約的な農業が行われている現代において，雑草の防除は安全性の高い除草剤を用いて行うのが一般的である。これまで，雑草や作物の種類に合わせて多くの除草剤が開発されてきたが，除草剤の植物選択性については解決されていない場合が多い。特定の除草剤に対して耐性を持つ作物が開発されれば，除草剤を使用するときに，作物には影響を及ぼさず雑草のみを選択的に除くことができる。そこで，このような特定の除草剤に耐性を有する遺伝子組み換え体としてだいずやなたね，とうもろこし，テンサイ，ワタ等の遺伝子組換え植物が作成された。

ラウンドアップ等の商標名で知られているグリホサートは双子葉及び単子葉植物を含む多くの植物に効果を示す除草剤であり，植物の5-エノールピルビルシキミ酸-3-リン酸合成酵素（EPSPS）を阻害することで植物を枯死させる。この酵素はホスホエノールピルビン酸から各種芳香族アミノ酸を合成するシキミ酸経路に属する酵素であり，トリプトファンやフェニルアラニン，チロシン等のアミノ酸の生合成に関与している。動物にはこの芳香族アミノ酸を合成する経路が存在しないので，植物以外には影響がほとんどなく，また土壌環境中では急速に分解されるため，環境に影響の少ない除草剤である。このEPSPという酵素は一部のバクテリアにも存在することが知られていたが，サルモネラ属のある種のバクテリアに存在するEPSPSはグリホサートに対して強い耐性を示すことが明らかになった。そこで，このバクテリアの遺伝子を導入したトマト，だいず，なたね等を作成し，この植物にグリホサートを処理したところ，その影響を受けることなく健全に生育することが示された。

除草剤に対して耐性を示すターゲット酵素の遺伝子を植物に導入して，特定の除草剤に対して抵抗性を付与する方法での除草剤抵抗性植物がいくつか報告されている。分岐アミ

ノ酸生合成阻害型除草剤は，バリン，ロイシン，イソロイシン等の分岐アミノ酸生合成の律速過程（合成過程の中で一番速度の遅い反応過程）であり，生合成経路の最初の部分の反応を触媒するアセト乳酸合成酵素（acetolactate synthase：ALS）を阻害することで，植物を枯死させる。この分岐アミノ酸生合成阻害除草剤に対して耐性を示すALSを導入することでこの除草剤に対して耐性を示すタバコやその他の植物体が作成されている。また，グリホシネート等のグルタミン合成酵素阻害型除草剤は，グルタミン酸とアンモニアからグルタミンを生合成する反応を触媒するグルタミン合成酵素を阻害することで，植物の生育に必要なグルタミンやグルタミン酸の欠乏を引き起こすことで植物を枯死させる。一方，土壌中に存在する放線菌の一種にはこのグリホシネートを代謝し無毒化する酵素であるホスフィノスリシンアセチル基転移酵素が存在する。そこで，この遺伝子を植物に組込むことで，グリホシネートに耐性を示すトマトやじゃがいもが作成された。遺伝子組換え法によって作成されたこれら除草剤抵抗性植物を利用することで，従来の除草作業は大幅に軽減されるだけでなく，広い範囲の雑草に有効な除草剤を選択して使用することにより除草剤の使用量を削減することができた。

4）新しい花色を持つ植物

古来より人間は，様々な花色と形態を持つ植物を掛け合わせることにより，新しい花色を持つ植物種を作出してきた。現在，私達が目にする多くの花はこのような従来の育種法によって作られてきた。しかし，この方法では，特定の花色を作る遺伝子をその種が持ち合わせない場合，その花色を持つ新品種を作ることができない。事実，青い花色を持つバラを作る試みが長い年月に渡りなされてきたが，バラには本来青い色素を作るために必要な遺伝子が存在しないことから，青いバラは作ることができなかった。遺伝子組換え技術では，特定の遺伝子だけを種を越えて植物体に組み込むことが可能であるため，この技術を用いてこれまで不可能とされていた新しい花色を持つ植物種の開発が行われてきた。その結果，1997年にサントリーフラワーズ等がペチュニアの遺伝子を組み込んだ世界で最初の青いカーネーションの作成に成功した。カーネーションは，本来，フラボノイド生合成系でジヒドロケルセチンから青い色素であるデルフィニジンの前駆物質であるジヒドロミリセチンを合成するフラボノイド3',5'-水酸化酵素を持たない。そこで，この酵素の遺伝子をペチュニアから単離して，カーネーションに導入したところ，この遺伝子組換え体の花は青色系を示すことが明らかになった。現在では，これらをムーンダストという商品名で，日本をはじめ北米や欧州等で販売されている。

同様に，バラもデルフィニジン系の色素を作る酵素を持たない。そこで，バラにパンジーのフラボノイド3',5'-水酸化酵素の遺伝子を導入したところ，青い花色を持つバラの作成に成功した。その後，遺伝子組換え生物等の使用等の規制による生物多様性の確保に関する法律（カルタヘナ法）に基づく第一種仕様規程承認を得て，2009年から「アプローズ」というブランド名で全国での販売を開始し，一般でも手に入るようになった。

5）新しい商品価値を付与した植物

　遺伝子組換え技術を用いて付加価値を高めた植物の作成も試みられている。だいずに含まれる油は多価不飽和脂肪酸であるリノール酸やリノレイン酸が多く含まれているため，熱によって変性しやすく不安定であるという欠点が存在する。一方，二重結合を一つだけ有する一価の不飽和脂肪酸であるオレイン酸は，熱に強くより安定的である。さらに，オレイン酸にはLDLコレステロールを下げ，HDLコレステロールを低下させないという機能が報告されている等，その有用性に期待が集まっている。そこで，だいずのオレイン酸不飽和化酵素遺伝子を遺伝子組換え技術で抑制することで，多価不飽和脂肪酸の含有量を減らし，オレイン酸を高濃度で含むだいずが作成された。現在アメリカでは，この高オレイン酸だいずの作付けが大幅に増加しており，また，この高オレイン酸だいずからオレイン酸が75～78％含まれる高オレイン酸だいず油を絞った油が「Plenish」という名前で販売されている。

　これ以外にも，トマト等の果実の腐敗を抑制するために，果実の軟化に関わるポリガラクチュロナーゼ遺伝子をアンチセンスRNA遺伝子によって抑制した植物や，果実の成熟を制御している植物ホルモンであるエチレンの生成を抑制するように遺伝的に変化させた遺伝子組み換え植物も開発されている。

参考文献・資料

鵜飼保雄：植物育種学，東京大学出版会，2003，pp. 271-327.

古賀　武他「単為結果性ナス新品種『省太』の育成」，福岡県農業総合試験場研究報告，第32巻，2013，pp. 52-58.

猿渡　真・飯牟禮和彦「ナス葯培養における効率的な胚様体作出法」，熊本県農業研究センター研究報告，第15号，2008，pp. 23-27.

下元祥史他「葯培養によるピーマン黒枯病抵抗性育種母本の育成」，日本植物病理学会報，第78巻，2012，pp. 85-91.

正山征洋「植物バイオテクノロジーによる薬用植物の育種研究」，長崎国際大学論叢，第10巻，2010，pp. 227-237.

高野純一・生井　潔「イチゴ品種『とちおとめ』のカルス誘導及び再分化条件」，栃木県農業試験場研究報告，第63号，2008，pp. 9-16.

西尾　剛：植物育種学 第4版，文永堂出版，2012，pp. 24-49.

藤田泰宏他「植物細胞培養によるシコニン系化合物の生産」，日本農芸化学会誌，第60巻，1986，pp. 849-854.

古澤　巖「プロトプラスト培養を用いた耐病性植物の育種」，化学と生物，第25巻，1987，pp. 610-615.

森川弘道他「パーティクルガンによる植物細胞の形質転換」，化学と生物，Vol. 28，1990，pp. 682-688.

横田明穂編：植物分子生理学入門，学会出版センター，2002，pp. 233-257.

米　梓二他「超微小茎頂分裂組織培養法で作出されたイチゴの生育および果実収穫量」，奈良早模業結合センター研究報告，第40号，2009，pp. 9-17.

第5章　植物のバイオテクノロジー

コラム　遺伝子組換え作物の未来

　特定の遺伝子だけを選択的に植物細胞に組み込むことを可能にした植物の遺伝子組換え技術は，これまで不可能であった種を超えた育種を可能とした。日本においては，遺伝子組換え植物として，なたね，とうもろこし，だいず，ワタ，テンサイ等の栽培が承認されているが，これらの中で現在までに商業栽培されているものは存在しない。その理由としては，遺伝子組換え植物の安全性に対する不安が社会において大きく，この不安に対する対応も不十分であることに由来すると思われる。これまで栽培が許可されている遺伝子組換え植物の安全性は科学的には示されているにもかかわらず，このような不安が拭われていない理由のひとつとしては，これまで栽培されてきた遺伝子組み換え作物が生産者の利益を追求したものであることに由来するのかもしれない。遺伝子組換え植物が社会的に認知されるためには，消費者に利益がある遺伝子組換え植物を積極的に作っていくことも必要であろう。そこで現在，スギ花粉症の減感作療法（アレルギー反応を起こしにくくする療法）を目的としたスギのアレルゲンを発現するイネの開発や，糖尿病の治療薬として使われるヒトのインスリンを発現する植物の開発，ジェット機の燃料等に使うことができる油を大量に蓄積する植物の開発，また健康に必須のビタミンや肝臓機能を高めるゴマのセサミン等の機能性二次代謝産物を多く蓄積する植物の開発等が実際に行われている。これらの新しい遺伝子組換え植物は，未だ研究段階ではあるが，これらが実用化されると消費者に利益を付与することができるようになり，私達の生活がより豊かになるものと思われる。遺伝子組換え植物は，今後人類が直面する世界的な食糧危機，石油の枯渇，化学物質による汚染等の様々な難問に立ち向かうために重要な武器になるのは間違いない。

第6章

動物のバイオテクノロジー

ポイント 動物のバイオテクノロジー技術は，近年，発展しながら大きく人類に貢献している。遺伝子改変技術による人の病気のモデルとなる動物の作出や食肉産業界での生殖工学技術の発展が導いた優良肉牛の安定供給等である。また，水産分野では，組織可視化メダカを使った養殖ビワマスの餌開発の成功例もある。さらに基礎研究の分野では，簡単に動物体内で遺伝子の発現抑制が可能なRNA干渉法が注目される。

1. 様々な組換え技術と組換えマウスを用いた医療・病理への応用

　遺伝子組換え動物とは，遺伝子工学の技術により人為的に遺伝子を改変された動物の総称である。遺伝子組換え動物の作出の目的は，特定の遺伝子の発現を阻害あるいは促進させた動物が野生型の動物と比べてどのように変化するかを検討することにより，その遺伝子の機能を解明することである。この中で，特定の遺伝子に変異を導入し発現できないようにした動物を遺伝子欠損動物と呼ぶ。これまでに様々な種の動物において遺伝子組換え動物が作成されてきた。特に，哺乳類ではマウスを中心に遺伝子組換え技術の研究が進められ，その技術により遺伝子組換え動物の作出が行われてきた。これらの遺伝子組換え動物は，各遺伝子の機能の解明に加え，ヒトの病気の原因及び治療法の研究に大きく役立ってきた。

(1) 遺伝子組換え技術の変遷

　遺伝子組換え動物の作出の目的としては，目的の遺伝子の発現の阻害あるいは増加させた動物が野生型の動物と比べてどのような変化を示すかを検討することにより，その遺伝子産物の機能を生体レベルで解明することがもっとも多い。また，たんぱく質の時間・空間的な局在を検討するため，そのたんぱく質の遺伝子のプロモーターとレポーター遺伝子を導入した動物も作出されている。医学研究の領域では，遺伝子組換え技術によりヒトの遺伝子欠損症や異常症を動物で再現した「病態モデル」が病気の原因や治療法の解明のために広く用いられている。特に，近年はヒトの遺伝子変異や多型を動物に再現し，それら

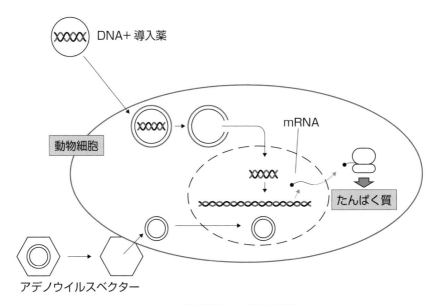

図 6-1 動物細胞への遺伝子導入

の差異が病態の原因となることを確認する研究が広く行われている。

　遺伝子組換え動物の作出には遺伝子を再編する技術が必要となる。遺伝子組換え動物は遺伝子導入動物と遺伝子欠損動物に大別される。遺伝子導入動物は，動物の細胞にベクター（遺伝子の運び役）を用いて任意の遺伝子を導入して作出する（図6-1）。遺伝子導入の方法としては，ウイルスを用いた生物学的手法，リポソームと呼ばれる脂質二重膜等を用いた化学的方法，電気穿孔やパーティクルガンを用いた物理的手法等がある。これらの方法で受精卵に遺伝子を導入すると導入された遺伝子がある確率でゲノムに組み込まれる。導入した遺伝子がDNAの導入される場所及び導入されるコピー数はランダムに決まる。このため，導入された遺伝子がDNA上の遺伝子を破壊することもある。一方，ウイルスを用いた導入法は発生が進行した胚や生体でも可能である。またウイルスベクターの種類により遺伝子導入形態が異なり，レンチウイルスベクターを用いた遺伝子導入では導入された遺伝子が宿主DNAに1コピーだけ組み込まれるが，アデノウイスルベクターを用いた遺伝子導入ではプラスミドが細胞質で複製するもののやがて除去されるため，導入遺伝子の発現は一過性となる。

　遺伝子欠損動物の作出は2000年までは胚性幹細胞（ES細胞）を用いた方法が唯一の選択肢であった。この方法は，① ターゲットベクターをES細胞に導入し，相同遺伝子組換えによりES細胞の2対の染色体のうち片方の染色体の欠損を誘導する，② そのES細胞を胞胚に移植する，③ 生殖系列の細胞にES細胞が入った動物を選択する，④ 交配により，両方の染色体が欠損した動物を作出する，という手順を取る（図6-2）。この方法は，ES細胞が確立されているマウスを用いた研究がほとんどであった（2008年にはラットのES細胞も確立されている）。さらに，この方法にCre/loxPシステムを応用して，細

1. 様々な組換え技術と組換えマウスを用いた医療・病理への応用

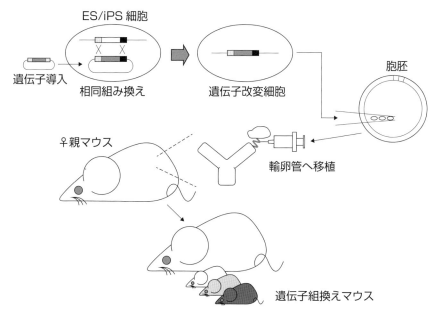

図6-2 遺伝子組換えマウスの作成

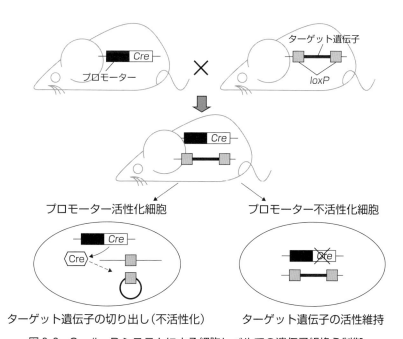

図6-3 Cre/loxPシステムによる細胞レベルでの遺伝子組換え制御

胞特異的あるいは薬剤誘導型の遺伝子欠損（conditional knockout）を誘導することも可能である。このシステムは，CreというDNAを切断する酵素がloxP（loxPと呼ばれる特定のDNA配列）に挟まれた遺伝子を切り出す反応を利用しており，標的の細胞の欠損させたい遺伝子の両端にloxP配列と呼ばれる配列を導入するとともに，Creの遺伝子を導入し，Creの発現を細胞の種類や薬剤により誘導し遺伝子の欠損を起こす方法である

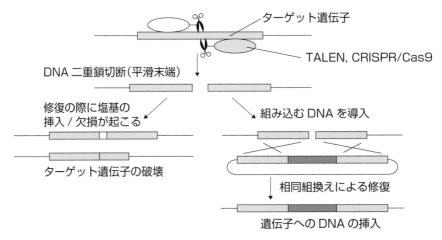

図6-4　遺伝子編集の仕組み

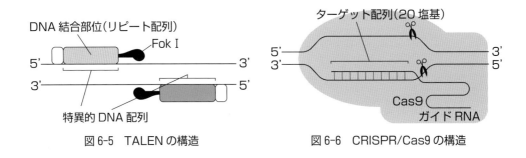

図6-5　TALENの構造　　　　　図6-6　CRISPR/Cas9の構造

（図6-3）。その後，2007年に人工多能性幹細胞（iPS細胞）の作製技術が確立された後は，ES細胞の代わりにiPS細胞を用いた遺伝子改変動物の作出も行われている。

また，2000年には，RNA干渉を利用した遺伝子導入による遺伝子発現のノックダウンが報告された（p.100〜を参照）。さらに2012年にTALEN（transcription activator-like effector nuclease）が，2013年に，CRISPR/Cas9（clustered regularly interspaced short palindromic repeat）/（CRISPR-associated 9）という遺伝子編集技術を用いた方法が報告された。これらの方法では，ターゲットとなる配列のDNA鎖に切断が導入され，その修復の際に，塩基の導入/欠失，あるいは相同組換えによる遺伝子導入が誘導される（図6-4）。

TALENはDNA結合ドメインとFok Iと呼ばれるnuclease domainで構成され，1対で標的部位を挟む形でDNAに結合し切断を行う（図6-5）。TALENの発現ベクターを受精卵に導入して遺伝子編集を誘導する。CRISPR/Cas9は，ターゲットDNAに対するガイドRNAとCas9リボヌクレアーゼの発現ベクターを受精卵に導入する。ガイドRNAは相補的なDNAと結合し，その部分のDNA二重鎖がCas9により切断される。（図6-6）。

TALENやCRISPR/Cas9での遺伝子の編集は確率的に起こるため，生み出される遺伝

子変異は様々である。また，DNAの切断は，両方の遺伝子に誘導されるため，一度の導入でホモの遺伝子欠損動物を作出することが可能である。ただし，導入される遺伝子変異は両遺伝子で同一とは限らないため（ほとんどの場合は異なる），変異動物を系統化するためには交配を行う必要がある。さらに，これらの方法は受精卵に対する遺伝子を導入する技術があればどのような種の動物にも応用可能であり，サル類をはじめとする高等動物においても遺伝子欠損動物の作出が行われている。これらの方法では遺伝子を組み換える必要がないため，遺伝子相同組換えを利用した遺伝子編集のような痕跡が残らないのが特徴である。

(2) 組換えマウスを用いた医学分野への応用

　ヒトの病気の多くは，遺伝子にその原因を求めることができる。1つの遺伝子の変異が原因でその遺伝子のコードするたんぱく質の機能が増加/減少し，生体の機能が破綻する遺伝子疾患の場合もあれば，高血圧や肥満のように原因となる遺伝子が複数存在し，組み合わせにより発病リスクが高くなる疾患もある。これらの病態の研究のために，遺伝子の欠損や変異を導入した動物が作出されている。特にマウスは，1990年代にES細胞が樹立されており，相同遺伝子組換え技術を利用して遺伝子欠損を導入することができた唯一の実験動物であったことから，ヒトの様々な遺伝子欠損/変異症モデルが確立され，病気の原因や治療法の研究，あるいは薬の開発に利用されてきた。これらの動物をヒト病態モデルマウス，あるいはヒト疾患モデルマウスと呼ぶ。

　例えば，血液凝固の調節因子であるプロテインSの欠損症は，血管内での血栓形成が増え，血管が詰まりやすくなる症状を呈するが，プロテインSの欠損マウスはヒトの欠損症と極めてよく似た症状を呈することから，この欠損症の病態の解明に大きく貢献している。一方，凝固因子の1つである第VIII因子の欠損症は，ヒトでは重篤な出血傾向を示すものの第VIII因子欠損マウスは軽微な出血傾向の増加にとどまる。これは，同じ分子でも動物種によって生体内での機能あるいは重要性が異なっていることを意味し，この違いは生化学的あるいは解剖学的な違いに起因すると考えられる。

　一般的にマウスやラット等の小動物はヒトとの差が大きく，サルやブタ等の大動物は差が小さいとされている。マウス以外の動物にも応用できるRN干渉，TALEN，CRISPR/Cas9等の技術が確立されたことから，今後はサルやブタ等のヒト病態モデルの確立も進むものと予想される。

2. 家畜におけるバイオテクノロジー

　畜産は食肉産業の主要部分を占める大事な分野で，人の手で畜産がコントロールできることは非常に重要なことである。その意義として，まず，家畜を改良することによって，

第6章 動物のバイオテクノロジー

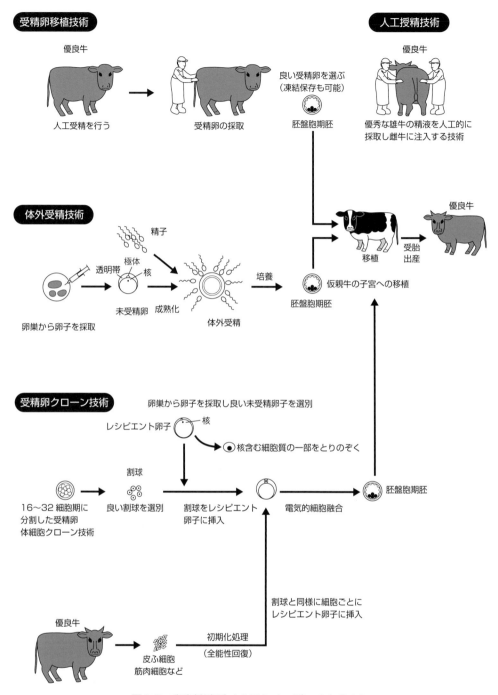

図6-7 家畜繁殖バイオテクノロジーのあらまし

能力の高まった家畜を絶やすことなく，安定的に次の世代に伝えることである。さらにもう一つは，食料としての家畜を安定して供給することがあげられる。そこで，現在，畜産の分野で家畜の改良に関わっている体外受精，クローン技術等の家畜繁殖バイオテクノロジーと呼ばれる新しい技術をいくつか紹介する。

（1）人工授精

　動物が子孫を残す行為は，自然界では交尾によっているが，牛の場合，わが国で生産される牛の95％以上は人工授精によって交配が行われている。人工授精をするためには，まず種牛と呼ばれる雄牛から精液を採取する。精液を希釈後，細長い注射針のようなもので雌牛の子宮内に注入する。この際，人工授精師が直腸に手を入れ，直腸壁を介して子宮の根元を保持し，精液の入った注射針を子宮の奥深くに挿入するという特殊な操作が必要である。そのため，ある程度大きな動物でなければ人工授精は難しく，この手法により人工授精を行っている産業動物は牛だけである。人工授精の適期は排卵前の7～15時間とされており，この間であれば80％以上の受胎率が期待できる。受精された卵は，その後発生を始め，子宮内に着床すれば，280日ほど経つと子牛が生まれてくる。

　無作為に雄を交配に使っていたのでは家畜の生産性を高めることにつながらないので，能力の高い雄を選び，その能力を広く子孫に伝達する必要がある。そのためには，人工授精は有効であり，この方法を使うことによって，家畜の増殖や改良は飛躍的に進展し，産業的効果は著しく大きいものとなった。また，精液の長期に渡っての保存法として，グリセロール等の凍結保護液を含む凍結保存溶液の開発により，遠方への輸送が可能となり，優秀な雄の遺伝資源を世界に広めることができるようになった。

（2）受精卵移植

　家畜の受精卵を早い発育過程のうちに母体から取り出して培養後，仮親牛に移植し子牛を生産する技術を受精卵移植と呼ぶ。受精卵は受精部位である卵管から子宮へと分裂しながら移動し，受精1ヵ月後に子宮に着床する。この子宮の中を漂っている着床前の胚を人工授精と同様に術者が直腸から子宮を固定し，カテーテルを子宮内に挿入し，還流液により子宮を洗浄しながら胚を回収する。回収した受精卵は，精子と同様に液体窒素中に保存することができる。この技術を活用することで，優れた雌牛を妊娠させることなく，胚の生産だけに利用し，その子供を短期間に数多く生産できる。また，乳用雌牛に肉用牛の胚を移植すれば，乳の生産を落とすことなく肉用子牛を増産できる。さらに，優れた雌牛，あるいは特定品種の雌を生体で移動させる必要がなくなり，輸送経費，家畜検疫の経費削減にもつながる。この受精卵移植の技術は，体外受精卵による子牛の生産，クローン動物の生産，雌雄の産み分け等の基本の技術となり，家畜繁殖バイオテクノロジーの技術体系構築に大いに貢献している。

（3）体外受精

　体外受精技術は，牛の卵巣から取り出した未成熟卵子を体外で成熟させた後，受精し胚盤胞期まで発育させる技術である。牛の体外受精技術は，低コストでの移植可能な胚の大量生産技術として，また優良肉用牛の選択的な増殖技術として重要である。また卵子の成

第6章 動物のバイオテクノロジー

熟培養は核移植等の基礎技術として非常に重要な技術である。

(4) 雌雄の産み分け

乳生産には雌牛が必要で，酪農家において，生まれる子牛が雌ばかりであればコスト削減に直結する。牛も含め一般に哺乳動物の性染色体はXとYで表され，雄がXY，雌がXXの組み合わせになる。雄の性染色体は減数分裂によってXとYに分かれ，X染色体を持つX精子とX染色体を持つ卵子の受精によって雌（XX），Y精子との受精によって雄（XY）が生まれる仕組みである。牛ではX精子が持つDNA量はY精子より3.8%多いことから，このDNA量の差を利用して，細胞膜を通過しDNAと可逆的に結合する蛍光試薬ヘキスト33342で染色した精子をフローサイトメーターと呼ばれる装置で蛍光測定を行いX/Y精子を識別する方法が開発された。

(5) 受精卵クローンと体細胞クローン

クローン技術とは，無性生殖によって同じ遺伝子構成を持った複数の個体を作り出す技術で，受精卵クローン技術と体細胞クローン技術が存在する。両者とも核移植技術を基盤とした技術で，レシピエント卵子（核を移植される卵子）の核を取り除き，受精卵クローン技術では胚由来の割球（卵割によって生じた未分化の細胞）1個，体細胞クローン技術では体細胞由来の線維芽細胞1個を注入した後，直流パルスによる電気的細胞融合等を経て培養して得た胚盤胞を仮親牛に移植する。

クローン技術は，当初，育種分野への応用が期待されたが，クローン技術による家畜の作出効率が非常に低く現在は限定的な利用にとどまっている。今後の技術の発展により，高能力家畜の短期間での増殖，希少系列の保存，有用物質（生理活性物質等）を生産する動物工場としての遺伝子組み換え家畜の増殖のほか，遺伝子機能解析及び基礎生物学の研究手法としての応用等が期待される。

3. 小型魚類を用いた遺伝子組換え技術の水産分野への応用

近年，ゼブラフィッシュやメダカに代表される小型魚類が新しい実験動物として注目され，水産分野や創薬等の様々な分野に役立つことが期待されている。小型魚類が有用な実験動物として注目されている理由には，① ヒトと同様に脊椎動物であり，ヒトに共通する主要な臓器を有していること，② 多産で世代交代期間が短く，遺伝的背景が均一な個体を大量に飼育・維持できること，③ 遺伝子組換え技術が確立されていること，④ 透明な卵殻を有し，体外で個体発生が進行するために発生過程の観察が容易であること，

3. 小型魚類を用いた遺伝子組換え技術の水産分野への応用

⑤ 稚魚の期間は，特に体が透明であるため，顕微鏡下で脂肪組織，血管，心臓，筋組織，消化管が観察できること，等があげられる。これらの利点の中には，遺伝学や発生生物学の分野において，体内で個体発生が進むマウスやラットを使う場合よりもはるかに有利に働く面があることから，この分野においては，特に小型魚類が重要な実験動物として用いられている。

小型魚類の利点を活かしてできることの中で最も魅力的なことの一つは，緑色蛍光たんぱく質（green fluorescent protein：GFP）等を利用した遺伝子組換え技術によって，任意の組織を生きたままの状態で可視化できることであろう。ある遺伝子が，いつ，どの組織で発現するかは，ゲノム内において，その遺伝子の上流に存在する特定のDNA配列（発現制御領域）によって決められている。このことを利用して，例えば，中枢神経組織（脳及び脊髄）で発現する遺伝子の発現制御領域とGFPをコードするDNA配列とを連結させた発現ベクターをメダカの初期胚に顕微鏡下で注入することによって，中枢神経組織が可視化されたメダカを得ることができる（図6-8 A）。さらに，遺伝子組換え技術ではなく，蛍光試薬を用いて組織を可視化することも可能である。例えば，蛍光標識たんぱく質を血管内に注入することによって循環器全体のパターン（図6-8 B），Ca^{2+}に特異的に結合する蛍光試薬カルセインによって骨組織（図6-8 C），蛍光標識たんぱく質を添加した水中でメダカを飼育することで消化管（図6-8 D），親油性蛍光試薬ナイルレッドによって脂肪組織（図6-8 E，矢印）を可視化することがそれぞれ可能である。

組織を可視化できることに加えて，遺伝的背景が均一な個体を大量に得ることできるという利点から，小型魚類は，水産や創薬の分野において有用な物質の探索に使われ始めている。水産分野への応用例として，メダカを用いた養殖ビワマスの餌開発の実施例をあげる。ビワマスは，琵琶湖でのみ生息するマスとして知られている。その肉は脂身に富み，大変美味な魚であるが，漁獲量が少ないため，市場への供給量

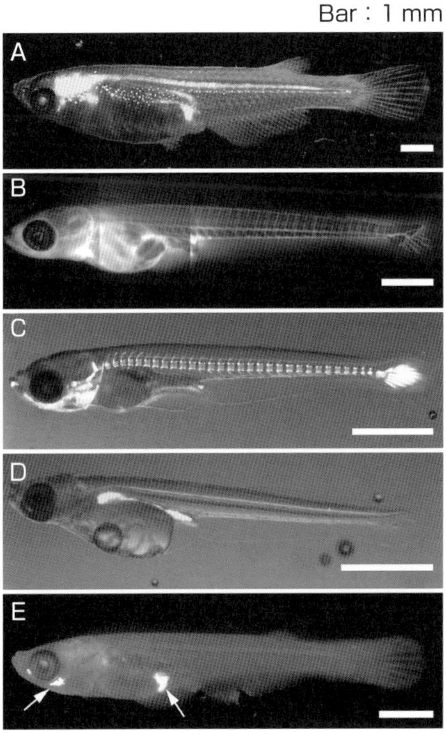

図6-8 遺伝子組換え技術や蛍光試薬染色によるメダカの各種組織の可視化

注：A 遺伝子組換え技術を用いた中枢神経組織の可視化，B 蛍光標識たんぱく質の血管内注入による循環器の可視化，C カルセイン染色による骨組織の可視化，D 蛍光標識たんぱく質の取り込みによる消化管の可視化，E ナイルレッド染色による脂肪組織（矢印）の可視化

が少なかった。しかし，近年，ビワマスの養殖が可能となり，安定した市場への供給が始まりつつある。この養殖ビワマスの肉質を天然ビワマスの肉質に近づけるために，ナイルレッド染色により脂肪組織を可視化させたメダカ（図6-8 E）を用いて，養殖ビワマスの脂身を増やす物質の探索が行われた。また，水産分野以外でも，ゼブラフィッシュを用いて，色素細胞内のメラニン合成に影響を与える化合物の探索が行われている。もしも，将来的に生体に安全なメラニン合成阻害剤が発見されれば，化粧品開発や創薬への応用も十分に期待できるだろう。このように，現在，小型魚類を用いて，ある特定の組織を可視化し，その組織に有用な影響を及ぼす化合物を探索しようとする試みが盛んに行われている。特に水産分野への応用については，同じ魚類を使うという理由から比較的容易に適用が進むものと考えられる。こうした試みは今後も増えていくと考えられ，有用物質を探索するための新しい有効手段となるであろう。

4. RNA 干渉とその応用

　様々な生命現象の基礎研究において「それぞれの遺伝子がどんな働きをしているか？」を明らかにすることは極めて重要で，これを知るためには各遺伝子の発現や機能がなくなったらどう変化するかを調べることが有効である。これまでにいくつもの技術革新があり様々な遺伝子破壊動物が作り出され，生命科学研究に貢献してきている。一方で，1節（p. 91～）でふれられたように，近年，技術や時間が必要なターゲット遺伝子の破壊と胚操作を経ずに，特定の遺伝子発現を一過性にノックダウンする RNA 干渉法が確立され，有力な研究ツールとなっている。

（1）RNA 干渉法とは

　1990年代後半までは，遺伝子改変をせずに特定の遺伝子の発現抑制を行う手法として，人工合成したアンチセンス核酸（DNA，RNA）を用いた発現抑制法のみが知られていた。これは，翻訳されるセンス鎖の配列をもつmRNAに相補的な核酸を結合させ，翻訳障害を起こして発現抑制しようという試みで，成功例も多かった。

　一方，1995年にグオとケンフェーズは線虫を使って奇妙な発現抑制を報告した。それは，試験管内で作ったアンチセンスRNAとセンスRNAを線虫体内に導入すると，どちらのRNAでも同じように，標的のpar-1遺伝子の発現を阻害するというものであった。やはり線虫で同様な観察をしていたファイアーは，メローと共にこの発現抑制の謎を追求し，1998年，後にノーベル生理学・医学賞受賞につながる発見をすることになった。実に線虫で遺伝子の翻訳阻害を引き起こしていた本体は，アンチセンス，センスどちらのRNAでもなく，アンチセンスRNAとセンスRNAが結合した二本鎖RNA（double-strand RNA，dsRNA）だったのである。すなわち，アンチセンスRNAあるいはセンス

RNA を，試験管内で RNA 合成酵素で合成する際，ほんの少し逆向きのものができてしまう，そのコンタミネーションでできる dsRNA が以前観察されていた翻訳阻害の原因で，アンチセンス RNA とセンス RNA を実際に混ぜて作った dsRNA では極めて効率よく遺伝子の発現抑制できることが判明した。この RNA 干渉（RNAi）現象は，線虫に留まらず，ゼブラフィッシュ，プラナリア，ヒドラ，真菌，ショウジョウバエ，哺乳類でも確認され，広く遺伝子の機能解析に応用されている。また，その作用メカニズムも解明が進み，ある程度詳細がわかっているが，動物種による違いも見られる。その仕組みの概要は，① 発現抑制したいターゲットたんぱく質の mRNA に相補的な dsRNA，あるいはそれを発現するベクターを受精卵等に導入する，② 導入した DNA から発現した RNA が二本鎖の dsRNA を形成する，③ dsRNA は二本鎖 RNA を分解する酵素 RNase III の Dicer により切断され短い siRNA（3'末端に2塩基のオーバーハングを持つ21塩基の二本鎖 RNA，short interfering RNA）ができる，④ siRNA を含む RISC（RNA-induced silencing complex）というヌクレアーゼ複合体が形成され，それがターゲット mRNA を配列依存的に認識して切断する，⑤ ターゲット mRNA の消失によりそのたんぱく質は翻訳されなくなり消失する，というものである。

（2）線虫・プラナリアでの網羅的 RNA 干渉

　前述のように線虫では RNA 干渉法により標的の遺伝子の発現抑制が可能である。研究によく使われる線虫（*C.elegans*）は，体長1 mm ほどで大腸菌をエサにシャーレ等で飼育される，ヒトとの共通性も多い代表的モデル動物である。では，どのようにして，試験管内で作った dsRNA を線虫体内に導入するのか？ 主に使われているのは3つの方法であり，まず dsRNA をマイクロインジェクションにより線虫体内に注入するインジェクション法がある。さらに，線虫の場合，dsRNA 溶液に単に浸すことによっても RNA を体内に導入することができる（ソーキング法）。そして，興味深いことに，dsRNA を発現するように形質転換した大腸菌をエサとして線虫の与えることによっても標的遺伝子の特異的ノックダウンが可能であることが明らかにされている（フィーディング法）。この第3の方法は極めて簡単で低コストである。これらの dsRNA 簡便導入法の確立により，線虫では，特定の遺伝子の機能解明という側面だけでなく，核に存在する全ての遺伝子をそれぞれ発現抑制して，網羅的に遺伝子の機能解明を進めるという研究が早くから着手された。

　一方，扁形動物のプラナリアは，誰もが知る再生研究のモデル動物で，研究に使用されている種は世界的には *Schmidtea mediterranea*，日本では *Dugesia japonica* が多く，1 cm 程度の分裂・再生で増やしたクローン系統が用いられる。プラナリアの再生研究は，ショウジョウバエ遺伝学で有名なモーガンに始まるとも言われ，100年以上の歴史があるが，その高い再生メカニズムが解明され始めたのはごく最近で，このメカニズム解明には

第6章 動物のバイオテクノロジー

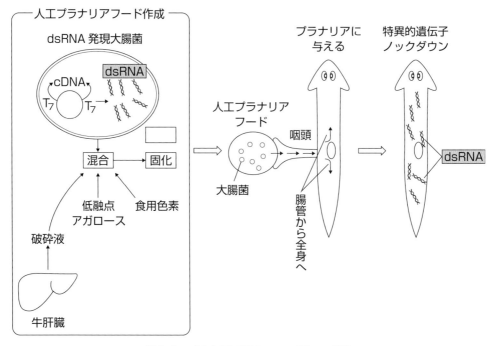

図6-9 プラナリア用のフィーディング法

RNA干渉が大きく貢献している。まずは，様々な形でプラナリアに発現している遺伝子の配列決定が行われ，その遺伝子が再生に関わっているのか，RNA干渉での発現抑制が試みられるようになった。1999年，線虫同様，初めてインジェクション法が行われ，確かにプラナリアでもRNA干渉が起こり，特異的に遺伝子発現がノックダウンされることが実証された。しかし，柔らかいプラナリアにはインジェクションのダメージは大きく，また網羅的遺伝子探索には向かない。また，ソーキング法も可能であることが示されたが線虫に比べ大きいため，大量のdsRNAの必要である。一方，ついに2003年にプラナリア用のフィーディング法が開発された。dsRNAを発現する大腸菌をプラナリアのエサである牛レバーの破砕液に混ぜ，これに食用色素と低融点アガロースを加え，固まらせるのである。これをプラナリアに与えると，エサと間違い食べることになる。体内への取り込みは色素を確認することが可能で，実際に食べた個体で特異的な遺伝子ノックダウンが起きることが明らかになったのである。そして，プラナリア再生に寄与する遺伝子の大規模探索が，2005年にこのフィーディング法を用いたRNA干渉により行われ，240遺伝子が同定されている。また，最近は，dsRNAを直接レバー破砕液に混ぜプラナリアに与えても，RNA干渉が起きることが報告されている。

このようにRNA干渉法は，特にモデル動物を用いた網羅的な遺伝子探索・機能解析に威力を発揮している。

(3) 哺乳類培養細胞での RNA 干渉

　培養細胞レベルの研究においても特定の遺伝子の発現を抑制する実験は，細胞応答における遺伝子の働きを調べる上で極めて重要である．ここでも核内の遺伝子改変の手続きがいらない RNA 干渉法が使えれば，大いに役に立つ．しかし，多くの培養細胞が由来する哺乳類では，厄介な問題が起こってしまうことが知られていた．というのは，哺乳類の細胞は，30 残基以上の dsRNA を検出するとウイルス感染と認識して，抗ウイルス応答が起こり全般的な翻訳阻害と細胞死が誘導されてしまうのである．しかし，2001 年にエルバシールらはこの問題をクリアすることに成功している．RNA 干渉で発現抑制を引き起こしている実体は，RNA 干渉の作用機序で説明したように RNase III で切断された 21 残基の siRNA である．そこで，抗ウイルス応答を引き起こさない長さの短い siRNA を試験管内で作り，細胞にリポソームで取り込ませたのである．結果は，21 残基 siRNA なら哺乳類の培養細胞でも細胞毒性を示さず，特異的発現抑制が可能なことが判明したのである．この発見以降，多くの研究の分野において siRNA が応用されるようになった．

参考文献・資料

今井　裕：家畜生産の新たな挑戦，京都大学学術出版会，2007.

広岡博之：ウシの科学，朝倉書店，2013.

渡邉昭三：畜産入門，実教出版，2000.

Kinoshita M., Murata K. & Naruse K., et al.（Eds.）: *Medaka; Biology, Management, and Experimental Protocols*, Wiley-Blackwell, 2009.

Sugiura S., Tonoyama Y. & Kawachi H., et al.「Effects of Dietary Soy Sauce Oil Supplementation on Growth Performance and Sensory Characteristics of Biwa Salmon Onchorhynchus rhodurus」*Aquaculture Science*, **63**(3), 2015, pp. 291-297.

Ishizaki H., Spitzer M. & Wildenhain J., et al.「Combine zebrafish-yeast chemical-genetic screens reveal gene-copper-nutrition interactions that modulate melanocyte pigmentation」*Disease Models & Mechanisms*, 3, 2010, pp. 639-651.

Guo S. & Kemphues KJ.「par-1, a gene required for establishing polarity in C. elegans embryos, encodes a putative Ser/Thr kinase that is asymmetrically distributed」*Cell*, 1995, **81**(4)：pp. 611-620.

Fire A., Xu S. & Montgomery M., et al.「Potent and specific genetic interference by double-stranded RNA in Caenorhabditis elegans」*Nature*, **391**. 1998, pp. 806-811.

Newmark P. A., Reddien P. W. & Cebrià F., et al.「Ingestion of bacterially expressed double-stranded RNA inhibits gene expression in planarians」*PNAS*, **100**(suppl 1), 2003, pp. 11861-11865.

Elbashir S. M., Harborth J. & Lendeckel W., et al.「Duplexes of 21-nucleotide RNAs mediate RNA interference in cultured mammalian cells」*Nature*, **494**, pp. 494-498.

血友病を RNA 干渉で治療する

　血友病は，先天性の出血症状を繰り返す病気で，血液凝固を促進する第Ⅷ因子（A型）あるいは第Ⅸ因子（B型）の遺伝子に変異があるために，それらが作られず出血を抑える能力が低下することが原因である。しかし，血液凝固を阻害する他のたんぱく質を低下させたりあるいは失活させたりすれば，第Ⅷ因子や第Ⅸ因子の変異の影響を打ち消して，血友病の出血症状を改善できると考えられていた。

　2015年にアキンクらは，血液凝固阻害たんぱく質のアンチトロンビンを標的としたRNA干渉に成功したことを報告した。アンチトロンビンは，肝臓で合成され，血液凝固たんぱく質のトロンビンを阻害する作用がある。彼らは，アンチトロンビンの発現を抑えるsiRNAに肝臓細胞に結合するマーク（GalNAc）をつけ（「ANL-AT3」と命名），第Ⅷ因子欠失の血友病マウスに投与した。結果，投与された血友病マウスでは，RNA干渉の効果によりアンチトロンビンが減少し，血液凝固が改善したのである。更に，より人に近い霊長類のカニクイザルでもANL-AT3による血友病治療に成功した。現在，このANL-AT3は薬として第一相臨床試験が行われており，将来血友病患者の有効な治療法の一つになることが期待される。

参考資料

Sehga A., et al.「An RNAi therapeutic targeting antithrombin to rebalance the coagulation system and promote hemostasis in hemophilia」*Nature Medicine*, 21, 2015, pp. 492-497.

第7章

環境とバイオテクノロジー

> **ポイント**　廃水処理や環境中に放出された環境汚染物質の浄化・モニタリングには，バイオテクノロジーが活躍している。また，環境に優しい技術であるバイオマス資源からのエネルギーやプラスチック原料の製造にも，バイオテクノロジーが利用されている。

1. 水の浄化・環境修復

(1) 水の浄化

　水は太陽エネルギーによる蒸発と凝縮による降雨・降雪により，地球上を循環している。人間は，河川や湖沼の水，地下水を工業・農業・家庭用として利用しているが，人が水を利用すると，様々な物質が水に溶け込み水質が悪化する。廃水中の有機物の量が少ない場合には，河川や海の水による希釈・拡散と好気性微生物による分解により，水は浄化される。しかし，廃水中の有機物の量が多くなると，好気性微生物で有機物が分解された時の酸素消費量が大きくなり，水の中の溶存酸素量が低下する。この結果，好気性微生物が生育できなくなり，嫌気性微生物が生育するようになるため，メタンや悪臭ガスが発生する。日本では高度経済成長期に水質汚濁等が公害として社会問題を引き起こしたが，現在では廃水処理設備が整い，こうした問題は解決されてきている。しかし，事故等により環境汚染物質が河川や海に排出されることで，環境問題を引き起こすことがある。

1) 生物化学的酸素要求量，化学的酸素要求量

　水の汚染の指標としては，例えば生物化学的酸素要求量（biochemical oxygen demand：BOD）や化学的酸素要求量（chemical oxygen demand：COD）がある。BODは生物が廃水中の有機物を分解する際に消費する酸素量を表しており，CODは過マンガン酸カリウムを用いて，廃水中の有機物を酸化した時に消費する酸素量を示す。BODとCODの数値は大きいほど，廃水の汚染の度合いが大きいことを示す。

2) 活性汚泥法

　活性汚泥法は，好気性微生物群を用いて廃水中の有機物を分解する方法である（図7-1）。活性汚泥法では，好気性微生物を含む活性汚泥を曝気槽に加え，汚染水を連続的に曝気槽に流入させる。曝気槽の下部から空気を連続的に送ることで，廃水中の溶存酸素量の低下を抑制することで，好気性微生物による有機物の分解を促している。有機物は水と

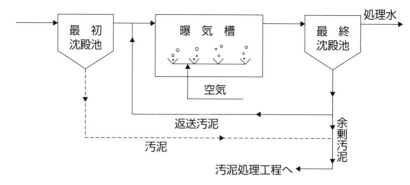

図7-1　標準活性汚泥法の処理工程
出典　環境保全対策研究会：水質汚染対策の基礎知識，産業環境管理協会，2005，p. 88.

二酸化炭素に分解されると同時に、微生物の増殖にも用いられるため、有機物の分解と共に活性汚泥の量は増加する。活性汚泥は最終沈殿槽で分離後、上澄みが河川等に放流され、微生物の増殖により発生した余剰汚泥は、濃縮脱水後処分される。活性汚泥法のBODの除去率は、85～95％である。

3）メタン発酵法

　メタン発酵法は、嫌気性微生物群を用いた廃水処理法で、活性汚泥法と比べると処理速度は遅いが、BODが高い廃水（10,000 mg/L以上）に適していて、余剰汚泥の発生量が少ないという利点がある。また、生成するメタンの利用が可能である。メタン発酵法は発酵工業廃水や食品工業廃水、畜産廃棄物等の処理に用いられている。メタン発酵法では、*Clostridium*属等の嫌気性微生物が、炭水化物やたんぱく質等の高分子化合物を、加水分解により単糖類やアミノ酸等に低分子化した後、酢酸、酪酸、プロピオン酸等へ変換する。酪酸やプロピオン酸等の揮発性脂肪酸は、*Acetobacterium*属等の微生物により酢酸と水素に変換される。メタン生成菌（*Methanobacterium*属等）が、酢酸の分解と水素による二酸化炭素の還元を行うことでメタンが生成される。

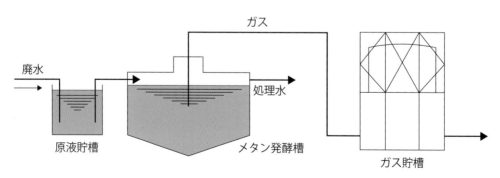

図7-2　メタン発酵処理施設のフローシート
出典　村尾澤夫・荒井基夫：応用微生物学 改訂版，培風館，1996，p. 290.

4）生物学的脱窒素処理法

　廃水を活性汚泥法やメタン発酵法等により処理すると，微生物により有機物は分解されるが，窒素やリン等の無機塩類は分解されない。湖沼や海等に排出した水に含まれる窒素やリンの無機塩類の量が多くなると，富栄養化が生じて赤潮やアオコの原因となるため，廃水中の窒素を除去する生物学的脱窒素処理法が用いられる。汚染水からの窒素の除去には，廃水中に多く含まれるアンモニアを，好気的条件下で硝化細菌により硝酸態窒素に変換後（硝化），嫌気的条件下で脱窒菌が窒素へ還元（脱窒）する。

（2）環境修復
1）バイオレメディエーション

　難分解性で生物に対して毒性を持つ化学物質は，環境汚染を引き起こしてきた。こうした化学物質としては，トリクロロエチレン，ポリ塩化ビフェニル（PCB），環境ホルモン等がある。微生物機能を利用して，これらの化学物質により汚染された土壌や水を浄化する方法を，バイオレメディエーションという。こうした環境汚染物質を分解する性質を持つ微生物としては，*Methylocystis* 属，*Pseudomonas* 属等が知られている。また，木材中の成分のリグニン分解能の高い白色腐朽菌は，ダイオキシン類を分解できる。バイオレメディエーションには，バイオスティミュレーションとバイオオーグメンテーションがある。汚染された土壌の浄化には長い時間と費用がかかるため，環境汚染物質の適切な管理が何よりも重要である。

2）バイオスティミュレーション

　汚染された土壌・水に，栄養塩（窒素，リン）や有機物を注入して，汚染現場に元来生息する微生物を活性化して汚染物質を分解する方法を，バイオスティミュレーションという。1989年の米国（アラスカ）での原油タンカー（エクソン・バルディーズ号）の座礁事故により，大量の原油が海洋や海岸線を汚染した。この対策として，海岸線に栄養剤が散布されて，微生物による原油の分解が行われた。これがバイオレメディエーションが本格的に利用された最初の例である。また，東京の築地新市場の土壌汚染の浄化では，ベンゼンにより汚染された土壌の浄化法として，バイオスティミュレーションが用いられた。

3）バイオオーグメンテーション

　環境汚染物質を分解する能力を持つ外来の微生物を，散布・導入して汚染土壌・水を浄化する方法をバイオオーグメンテーションといい，自然界に存在する微生物や，遺伝子組換えにより複数の環境汚染物質を同時に分解する能力を持つ微生物を用いる。バイオオーグメンテーションでは，使用する微生物が汚染土壌に固有に生育する微生物ではないため，環境へ及ぼす影響について事前に調査をする必要がある。

2. 環境汚染物質のモニタリングと処理

(1) 環境汚染とはなんだろう

　例えばある企業や研究所で「環境浄化を目指しています」と記載されていたら，どのような心持ちになるだろうか。少しでも環境に意識の向いている人なら，「取り組みたい」という前向きな感情が表出してくるかもしれない。挑戦してみたい気持ちはあらゆる行動の基本であって，そのことによって多くの物事が好転するようだ。しかし，その前に少しだけ立ち止まって考えてみよう。環境を浄化するって，何を浄化するのだろう？　残念ながら，答え＝「環境」ではないだろう。「汚染された環境だ」……それも答えの一部。では，何に汚染されているのだろう？　その答えを出すのは実は難しい。ありとあらゆる化合物すべてということもできる。しかし，よくよく考えてみると環境というキーワードは，従来「環境汚染物質のヒトへの健康影響問題」だった。ようやく近年になって「環境中の様々な生物への多面的な影響（ヒトを含む）」と置き換えられるようになってきた。だから現在では「汚染された環境」は，「生態に何らかの影響を与える物質に汚染された環境」と同義といえる。だから，身の回りの環境は，生態に影響を与えるどのような物質に汚染されているのだろうか，と考えてみると，答えがそこにありそうだ。何に汚染されているかがわかれば，浄化の方針も立てやすい。そして，ここにもバイオテクノロジーが活躍する。

　私達は，現在，5,000万種類を超える化合物を手にしていると言われている。これらの化合物の中には人為的に合成された化学物質や天然物から抽出されたものもある。こうした化合物は，何らかの形で環境と相互作用していて，量的なことを考えなければ，これらのほとんどすべての化合物が環境中に存在していると言ってもいい。だからすべての化合物を対象に除去することはほぼ不可能だ。しかも合成化学物質は，これまで自然界に存在していない化合物であることが多いが，たとえ毒性がないと様々な試験でわかっていたとしても，その「環境」への影響については多くは未知のままだ。ハーバー・ボッシュにより開発された空気中の窒素（N_2）を固定する技術は，人類の繁栄をもたらした。その一方で現在では硝酸性窒素（NO_3^-）過剰といった新たな環境汚染問題を引き起こしている。当初からこの汚染は予測可能だったに違いない。でも対応しなかった，またはできなかった。だから「環境」に影響を与える化合物の漏出を，未然に防ぐことも必要である。

(2) バイオモニタリングの有用性

　どうしたら，そんなことが可能になるだろうか。できるだけ多くの化合物を時空間的に逐一計測すること（モニタリング）が望ましいが，それには限界があることも容易に想像がつく。環境中で濃度が高く存在している化合物は物理的，化学的な測定が可能だが，極めて微量にしか存在しないものの濃度を測定するためには，多量の試料量が必要であり，しかも多くの場合，夾雑物を除く前処理を必要とするので，煩雑でかつ高価な機器の

みを用いることで，ようやくその分析の達成が可能となる。これでは観測するのに疲弊してしまう。

しかし先に述べたように，環境汚染を考えるとき，私達は，特に生体への影響を最初に，頭に思い浮かべる。個々の化合物に注目するより（もちろんそのことが重要なのは当然であるが），現在の環境において，様々な化合物が存在している複合的な影響下で，現場の生物にどのような影響を与えているかに，注視している（実際にすでに影響が出ているとなれば，極めて問題である）。そこで，生物を用いた環境モニタリングが必要となってくる。すなわち環境中に存在する様々な化合物をそれぞれについて測定するのではなく，環境試料が生体へどのような影響を与えるのかを測定すること（バイオモニタリング），それにより，将来的には生体へ影響を与える化合物の存在（場合によっては未知の）を明らかにすることが可能となる。これらは，特殊な装置を必要とせず，比較的容易に環境試料の評価が可能である。

(3) 生物個体を用いるバイオモニタリング

河川水等の表層水の環境を測定するバイオモニタリング方法はいくつかある。生物個体を用いる方法としては，ゼブラフィッシュやメダカ等を用いる魚類の急性毒性試験，ミジンコ等を用いる繁殖阻害試験や藻類を用いる成長阻害試験等がある。河川水試料中の毒性物質の有無を判定できる一方で，定量性及び再現性を求めるためには多くの生物検体を供する必要がある。また簡易的なものとして，実地河川水中の水生昆虫を用いる方法がある。これは，予め設定された指標となる生物種が存在する環境水をⅠ（きれいな水），Ⅱ（ややきれいな水），Ⅲ（きたない水），Ⅳ（とてもきたない水）の4階級で水質を判断するものである。生物種の有無により，河川環境を判断するものであるが，得られた判定が水質のどのような物理的，化学的性質に依存するかについては，多くの情報は明らかにされない欠点を有している。近年では，これらのランク値と化学的酸素要求量（COD）との相関や，亜鉛濃度との関連が指摘されている。一方，より定量的な毒性評価として，発光細菌を用いる方法が知られている。海洋性の発光細菌である *Vibrio fischeri* は重金属等の存在により，発光が阻害されることを利用して，発光の阻害率を毒性値として評価するものである。発光強度は機器により数値化が可能であるため，定量値を得ることができるため，多くの試料が存在する場合の相互比較が容易である。

(4) バイオテクノロジーの活用

前述のいずれの方法においても，試料に毒性物質が含まれることは判断できるが，用いた試料にどのような化合物が含まれているかは不明だ。けれど近年のバイオテクノロジーの発達の恩恵により，ある程度，化合物のターゲットを絞ったバイオアッセイ方法が存在している。ダイオキシン類は毒性の強い化合物として知られているが，生物種による毒性

の感度が大きく異なることも知られている。そのため，環境中のダイオキシン類のバイオモニタリングは生物個体を用いるより，毒性発現のメカニズムを基軸にした試験方法が望ましい。一般にダイオキシン類は生体内（細胞内）でアリルハイドロカーボンレセプター（AhR）に結合し，各種遺伝子の転写を促している。そこで，ダイオキシンがAhRに結合することにより転写活性化される遺伝子（レポーター遺伝子）を，酵母や細胞に組み込み，その遺伝子から転写されるたんぱく質（酵素）の活性を測定することにより，試料中のAhR結合─転写活性化の能力を有する化合物を測定する。レポーター遺伝子にはガラクトシダーゼやルシフェラーゼ等が用いられており，前者はガラクトシダーゼ用の発色基質を利用し，後者はルシフェラーゼの蛍光を測定する。ホタルルシフェラーゼ遺伝子をレポーター遺伝子として組み込んだ細胞を用いる試験法はchemically activated luciferase gene expression（CALUX）Assayとして知られている。また酵母にはヒトAhRのみならずマウスAhRを組み込んだものも提供されている。当然，環境中には，AhRに結合する様々な化合物が存在しており，ダイオキシン類の他にベンゾ（a）ピレンに代表される多環芳香族類やインドール誘導体がその候補化合物となる。そのため，この試験法を用いることで明らかにされる化学成分はAhRに結合できる化学物質ということになる。また，同様にエストロゲンレセプターに結合する化合物を検出する系として，酵母にヒトやメダカ由来のエストロゲンレセプター（ER）及びそのレポーター遺伝子を組み込んだyeast estrogen screen（YES）法が知られている。このバイアアッセイ法では，いわゆる環境中のエストロゲン様物質を検出する。河川水では特にヒトし尿由来のエストラジオールによる，生物個体のオスのメス化や，魚類における心臓弁の形成阻害の可能性等で問題視されている。ERにはフラボノイド等の植物由来のエストロゲン活性物質や，フェノール系の合成化学物質が活性を示すが，一般的には，エストラジオールの活性が他の化合物より10倍以上高く，環境試料（特に下水処理排水）から検出される場合はエストラジオール類縁体であることが多いが，ゲニステイン等の大量に含まれている河川試料等も一つの事例として知られている。

　こうしたレポーター遺伝子を用いる試験方法は供与試料の活性を検出するため，未知の化合物が，環境試料から同定されることや，既知化合物であっても活性の有無が初めて明らかにされる場合もある。未知化合物の場合，環境中や排水処理により，既存の化合物が化学的，生物学的に変化し生成している場合がある。そのため排水処理施設に流入する下水の由来に依存して，排水処理の方法を考案する必要がある。

（5）今後の処理の問題

　一旦，汚染が明らかになった場合は，その処理が必要であるが，そのための技術はいくつかは報告されているが実用に叶うものは多くない。化合物を分解する有用微生物を探索するという方法論は存在するが，近年の生物多様性の維持の問題から，それら有用微生物

を汚染現場に移植することは困難が伴う。OECDはこれからの維持可能な環境社会の形成に汚染された環境を修復する技術と共に，汚染を引き起こさない環境汚染の未然の予防が必要であることを指摘している。既存そして新たなバイオテクノロジー開発が環境調和型のテクノロジーとなることが大いに期待される。

3. バイオエネルギー

バイオマスとは，光合成により大気中の二酸化炭素を取り込んで蓄積した農産物，木材，草，藻類等や，その残渣や廃棄物が該当する。バイオマスを直接燃焼させたり，バイオマスを他の物質に変換後，燃焼して得られるエネルギーをバイオエネルギーという。バイオエネルギーの利用により放出される二酸化炭素は，バイオマスの光合成により二酸化炭素を再度固定化することができるため，バイオエネルギーは化石燃料由来のエネルギーと比べて，二酸化炭素排出量を軽減できる。また，将来枯渇が懸念される化石燃料からの脱却を行うことで，循環型社会の構築が期待されている。バイオエネルギーとしては，でん粉や糖から製造されるバイオエタノールや，植物油等から製造されるバイオディーゼルの製造が主流である。また，バイオマスを嫌気発酵させることで発生するメタンや水素の利用も行われている。バイオエネルギーの原料は，でん粉や糖等の可食性バイオマスから，セルロース等の非可食性バイオマスへ転換する取り組みが行われている。

(1) バイオエタノール
1) 可食性バイオマスを用いたバイオエタノールの製造

バイオマスから製造するエタノールを，バイオエタノールと呼んでいる。バイオエタノールの製造は，米国とブラジルで世界全体の生産量の約80％を占めている。バイオエタノールの原料は，米国ではトウモロコシが，ブラジルではサトウキビが主に用いられており，自動車燃料であるガソリンに混合して使用されている。サトウキビをバイオエタノールの原料として用いる際には，サトウキビに含まれるスクロースを酵母（*Saccharomyces cerevisiae*）が直接エタノール発酵することができるが，トウモロコシを原料として用いた場合には，トウモロコシに含まれるでん粉を，アミラーゼによりグルコースまで加水分解を行った後，エタノール発酵を行う必要がある。また，トウモロコシにはペントース（五炭糖）も約10％含まれるため，遺伝子組換え技術を用いてペントースをエタノールに変換できる微生物の開発も行われてきている。エタノール発酵後には，エタノール濃度を高めると共に，不純物を除去するために蒸留が行われる（図7-3）。

2) 非可食性バイオマスを用いたバイオエタノールの製造

トウモロコシやサトウキビは食糧として用いられるため，バイオエタノールの原料として利用すると食品価格の高騰が生じるという問題がある。また，発展途上国における食糧

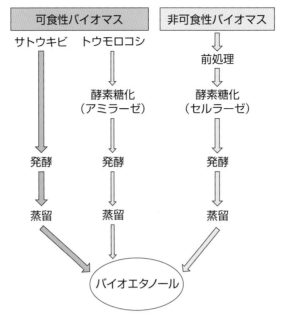

図7-3　バイオエタノールの製造プロセスの比較

不足の状況下において，食糧を輸送用燃料に使用するということに対して倫理的な問題がある。このため，食糧と競合しない原料である非可食性バイオマスを用いたバイオエタノールの製造の研究開発が行われている。

　非可食性バイオマスとしては，コーンストーバー（トウモロコシの可食部以外の部位），バガス（サトウキビの搾りカス），木材，バイオエタノールの製造に適した生育の早い植物（エネルギー植物）等がある。非可食性バイオマスを用いたバイオエタノールの製造プロセスでは，バイオマスに含まれる多糖（セルロースやヘミセルロース）を単糖に加水分解した後，酵母（*Saccharomyces cerevisiae*）によりエタノール発酵を行う方法が検討されている。セルロースの加水分解にはセルラーゼが利用されているが，バイオマスにはリグニンというフェノール性芳香族化合物がラジカル重合した高分子化合物が含まれており，セルラーゼによる加水分解反応を妨げている。このため，セルラーゼによりバイオマスを加水分解する前に，バイオマスを物理的・化学的に処理をして，セルロースが加水分解されやすくするための前処理工程が用いられる（図7-3）。前処理工程の条件によっては，酵母の生育やセルラーゼの反応を阻害する物質が生成することもある。ヘミセルロースを構成する単糖としては，キシロース等の五炭糖も含まれているため，ペントースを発酵できる微生物の利用も行われている。エタノール発酵後には，エタノール濃度を高めると共に不純物を除去するために蒸留が行われる。

3）バイオガソリン（バイオETBE配合ガソリン）

　バイオエタノールは水分を吸収しやすく蒸気圧が高いため，日本ではバイオエタノール

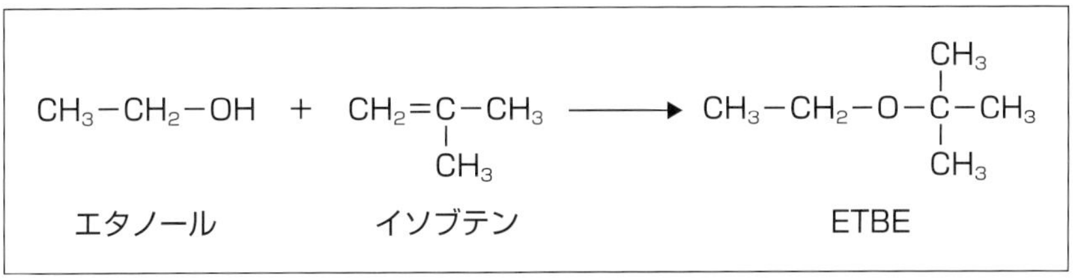

3. バイオエネルギー

$$CH_3-CH_2-OH + CH_2=\underset{\underset{CH_3}{|}}{C}-CH_3 \longrightarrow CH_3-CH_2-O-\underset{\underset{CH_3}{|}}{\overset{\overset{CH_3}{|}}{C}}-CH_3$$

エタノール　　　　　イソブテン　　　　　　　　　ETBE

図 7-4　ETBE 合成時における化学反応式

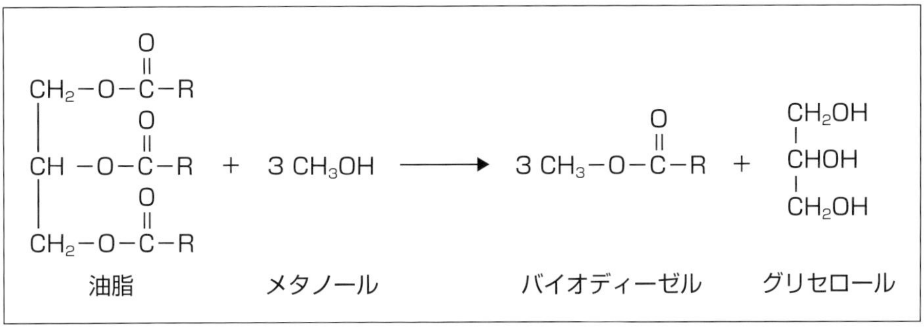

$$\begin{array}{c}CH_2-O-\overset{O}{\overset{\|}{C}}-R\\|\\CH-O-\overset{O}{\overset{\|}{C}}-R\\|\\CH_2-O-\overset{O}{\overset{\|}{C}}-R\end{array} + 3\,CH_3OH \longrightarrow 3\,CH_3-O-\overset{O}{\overset{\|}{C}}-R + \begin{array}{c}CH_2OH\\|\\CHOH\\|\\CH_2OH\end{array}$$

油脂　　　　　　　　メタノール　　　　　　バイオディーゼル　　　　グリセロール

図 7-5　バイオディーゼルの製造（油脂のエステル交換反応）
R：脂肪酸

と石油系ガス（イソブテン）から，エチル tert- ブチルエーテル（ETBE）を化学合成して（図 7-4），製造・販売をしている。

(2) バイオディーゼル

菜種，ヒマワリの種，大豆等から，物理的・化学的に油脂を抽出後，触媒存在下においてメタノールと油脂をエステル交換反応（図 7-5）させることにより，脂肪酸エステルを得ることで，バイオディーゼルとして利用している。メタノールの代わりに，バイオエタノールを用いてエステル交換反応を行う方法も行われている。また，*Lipomyces* 属等の油脂酵母は，菌体乾燥重量の 60～80% にまで中性脂質を蓄積することが知られているが，この性質を利用してバイオマスから中性脂質を製造してバイオディーゼルとして利用する検討も行われている。

(3) バイオエネルギーにおける今後の課題

米国を中心とした安価なシェールガスの生産量の増加や自動車の燃費の改善等により，自動車燃料用のバイオエネルギーの需要が今後どのように推移するかは見通しが難しいが，最近ではバイオエネルギーの新たな用途として，航空機燃料用のバイオエネルギーの開発も行われてきている。バイオエネルギーの課題としては，バイオマスは酸素の含有量が多いため（例：グルコースは $C_6H_{12}O_6$），化石資源と比べて発熱量が大きくないことが

ある。このため，バイオマスをバイオエネルギーへと変換するプロセスにおいて，物質中の酸素含有量をいかに低くできるかが，ポイントになる。非可食性バイオマスを原料としたバイオエネルギーに関しては，可食性バイオマスを原料とした場合と比べると製造工程の数が多いため，コスト競争力の強化が課題となっている。

4. バイオプラスチック

現在は，原油等の化石資源がプラスチックの原料として主に利用されているが，再生可能資源であるバイオマスへ原料を転換することでCO_2排出量の削減が図られている。バイオマスを原料としたプラスチックを，バイオプラスチックという。バイオプラスチックの原料には，でん粉やサトウキビ等の可食性バイオマスが主に用いられているが，バイオエタノールの製造と同様に，バイオプラスチックの原料が食糧と競合することを避けるために，非可食性バイオマスを利用したバイオプラスチックの製造の研究開発が行われている。バイオプラスチックの製造工程としては，バイオマスに含まれる多糖類を酵素加水分解により単糖に変換する工程，微生物による発酵により中間原料を製造する工程，中間原料からバイオプラスチック（ポリマー）を製造する工程がある。

(1) シュガープラットフォーム

可食性バイオマスであるサトウキビをバイオプラスチックの原料として用いる際には，スクロースが主成分であるため微生物により直接発酵して目的物質を生産することができるが，トウモロコシを原料とする場合には，トウモロコシに含まれるでん粉をアミラーゼによりグルコースまで加水分解を行った後，微生物により発酵をする必要がある。また，草や木材等の非可食性バイオマスをバイオプラスチックの原料とする際には，非可食性バイオマスの主成分である多糖（セルロース，ヘミセルロース）の加水分解を行い，グルコース等を得る必要があるが，非可食性バイオマスにはフェノール性芳香族化合物が重合したリグニンが存在しているため，熱や薬品を使用してリグニンを取り除く工程（前処理工程）が必要となる。発酵法等によりバイオプラスチックを製造するために，バイオマスから単糖を製造することをシュガープラットフォームと呼ぶ。

(2) 中間原料

バイオプラスチックを製造する際には，バイオマスに含まれる多糖を単糖にまで加水分解した後，微生物による発酵により中間原料を生産する。中間原料としてはエタノール，乳酸，コハク酸等がある。

1) エタノール

バイオエタノールの項（p. 111～参照）で述べたように，自動車燃料としてバイオエタ

ノールが利用されているが，バイオエタノールはバイオプラスチックの中間原料としても利用されている。

2) 乳　酸

ホモ乳酸発酵を行う乳酸菌（*Lactobacillus* 属）により，単糖から乳酸が生産される。乳酸の生産量が増加すると培地の pH が低下するが，その際に乳酸菌が死滅するのを防ぐために pH の調整が行われる。乳酸は生分解性プラスチックであるポリ乳酸の中間原料となる。

3) コハク酸

コハク酸はクエン酸回路（TCA 回路）に存在する化合物であり，生分解性プラスチックであるポリブチレンサクシネート（PBS）の中間原料として用いられている。微生物としては，コハク酸の生産能を高めた酵母が用いられている。

(3) ポリマーの製造

バイオマスから微生物により発酵生産された中間原料を用いて，バイオプラスチックが製造される。例えば，バイオポリエチレン，ポリ乳酸，バイオポリエチレンテレフタレート（バイオ PET），バイオポリブチレンサクシネート（バイオ PBS）が該当する。

1) バイオポリエチレン

バイオエタノールを脱水反応によりエチレンに変換後，ポリエチレンが重合される。バイオポリエチレンは包装資材等に利用されている。

2) ポリ乳酸

乳酸 2 分子からラクチドを生成し，ラクチドの開環重合を行うことによりポリ乳酸が製造される。ポリ乳酸は生分解性を持ち，包装資材や農業資材等の幅広い分野で用いられている。

3) バイオポリエチレンテレフタレート

ポリエチレンテレフタレート（PET）は，飲料の容器や衣料用等に用いられるポリエステルであり，エチレングリコールとテレフタル酸が縮合重合により合成される。エチレングリコールはバイオエタノールから製造されている。また，テレフタル酸をバイオマスから製造する研究開発が行われている。

4) バイオポリブチレンサクシネート

生分解性を持つバイオプラスチックで，コハク酸と 1,4-ブタンジオールの縮合重合で合成される。ポリ乳酸と同様に，包装資材や農業資材等の幅広い分野で用いられている。

5) リグニン由来プラスチック

非可食性バイオマスの主成分の一つであるリグニンは，フェノール性芳香族化合物がラジカル重合した高分子化合物である。リグニンの芳香環を活用して，フェノール等の芳香族化合物を製造する研究開発が行われている。

(4) バイオプラスチックにおける今後の課題

　現在は，可食性バイオマスを原料としたバイオプラスチックが主流であるが，食糧との競合を避けるために，非可食性バイオマスを原料としたバイオプラスチックの開発が求められている。また，米国を中心としたシェールガス生産量の増加に伴って，エタン等の低分子化合物が安価に供給される見込みである。エタノール等の低分子化合物は，シェールガス由来の原料との競争が予想されているが，C4（1分子中の炭素の数が4つ），C5化合物や芳香族化合物は，シェールガスからは多く生産できない。バイオマスを構成する単糖であるC5（キシロース等）やC6（グルコース等）化合物やリグニンの芳香環を活用したバイオプラスチックの開発が今後のバイオプラスチックを開発する上での鍵となる。

参考文献・資料

環境省ホームページ：生態毒性試験に関する情報（化審法関係）
　　http://www.env.go.jp/chemi/kagaku/seitai_index.html

環境省ホームページ：平成26年度全国水生生物調査の結果及び平成27年度の調査の実施について　https://www.env.go.jp/press/101063.html

環境保全対策研究会：水質汚濁対策の基礎知識，産業環境管理協会，2005, pp. 1-137.

国土交通省発表原稿：水質階級と指標生物
　　https://www.env.go.jp/press/files/jp/27237.pdf

阪口雅弘・森田英利・田原口智士：微生物学，講談社，2013, pp. 150-154.

バイオインダストリー協会（翻訳）：バイオテクノロジーと21世紀の産業-OECD特別専門委員会からの報告，1999.

別府輝彦：新・微生物学，講談社，2014, pp. 131-133.

村尾澤夫・荒井基夫：応用微生物学 改訂版，培風館，1996, pp. 282-302.

T. ヘイガー：大気を変える錬金術-ハーバー，ボッシュと化学の世紀，みすず書房，2010.

Arnold S., Robinson M. & Notides A., et al.「A yeast estrogen screen for examining the relative exposure of cells to natural and xenoestrogens」, *Environ Health Perspect*, 104(5), 1996, pp. 544-548.

Kawanishi M., Sakamoto M. & Ito A., et al.「Construction of reporter yeasts for mouse aryl hydrocarbon receptor ligand activity」, *Mutation Research/Genetic Toxicology and Environmental Mutagenesis*, 540, 2003, pp. 99-105.

Kawanishi M., Takamura-Enya T. & Ermawati R., et al,「Detection of genistein as an estrogenic contaminant of river water in Osaka」, *Environ Sci Technol.*, 38, 2004, pp. 6424-6429.

Karatzos S., McMillan J. D. & Saddler J. N.「The Potential and Challenges of Drop-in Biofuels」, *IEA Bioenergy Task*, 39, 2014.

Windal I., Denison M. & Birnbaum L., et al.「Chemically activated luciferase gene expression (calux) cell bioassay analysis for the estimation of dioxin-like activity: critical parameters of the calux procedure that impact assay results」, *Environ. Sci. Technol.*, 39, 2005, pp. 7357-7364.

第8章

食品機能とバイオテクノロジー

ポイント　飽食の時代と言われて久しい現代では，食は「生きるため」の一次機能より，「楽しむ」ための二次機能や，「健康の維持・増進」のための三次機能が注目を集めている。本章では，近年脚光を浴びている，食品の三次機能を活用した，特定保健用食品，栄養機能食品，特別用途食品，機能性表示食品について詳述し，それらをとりまく制度についても記述する。

1. 食品の機能性とは

　食品の機能性には，人体に対する食品の作用や働きによる，3つの機能がある。一次機能は，カロリー，たんぱく質，脂質，糖質，ビタミン，無機質等，必要な栄養素を補給して生命を維持する機能である。二次機能は，色，味，香り，歯ごたえ，舌触り等，食べた時においしさを感じさせる機能であり，三次機能は，生体防御，体調リズムの調節，老化制御，疾患の防止，疾病の回復調節等，生体を調節する機能を指す。この三次機能は，人間の健康の維持と増進のための機能であるが，昨今では安全性も問われている。安全性を含め，食品の三次機能を認証しているのが消費者庁である。

（1）食品の三つの機能

　食品の三機能を詳しくみると，一次機能とは，生命現象を営むために必要不可欠なエネルギー源や生体構成成分の補給に必要な食品成分（栄養素）としての機能をいう。一次機能に関与する主な食品成分には糖質，脂質，たんぱく質，ビタミン，無機質があり，一次機能を有する食品成分の機能は糖質，脂質，たんぱく質がエネルギー源として重要な栄養素であり，三大栄養素とも呼ばれている。また，これらの三大栄養素及びビタミン，無機質は生体構成成分としての役割も果たしており，常時体内に取り入れる必要がある。二次機能とは，食品自体，あるいは食品成分が生体の感覚器に影響を及ぼすことにより，発現する嗜好特性を意味し，「感覚機能」と呼ばれることもある。二次機能に関与する主な食品の特性として味，におい，色，触感，形，大きさ等のヒトの感覚機能によって，その食品を摂取する上でその嗜好に影響を及ぼす因子が含まれる。二次機能を有する食品成分の機能には，その食品の摂取を促進するような，あるいは食生活に潤いを持たせるような機能もある。三次機能とは，生体防御，体調リズムの調節，精神の高揚と鎮静，生体成分の

調節等に関係する生体調節機能を含んでいる。さらに、疾病からの回復、老化の抑制といった、社会的にも極めて関心の高い事柄さえも、三次機能の中に見出される。このように、食品の価値は、本質的にはカロリー、たんぱく質（必須アミノ酸）含有量、脂質（必須脂肪酸）含有量、ビタミン、無機質等の栄養素成分組成表示といった分析値のみでは表わし得ない。

また、「機能性食品」とは、「食品成分のもつ生体防御、体調リズム調節、疾病の防止と回復等に係わる体調調節機能を、生体に対して十分に発現できるように設計し、加工された食品」を指す。現在、消費者庁が認可している「特定保健用食品」は、形態も摂取方法についてもふだん摂っている食品と同様なものを示している。

厚生労働省（当時、現在の認可は消費者庁）は1991（平成3）年度に機能性が認められる食品に対して「特定保健用食品」と呼称し、制度化した。こうした背景には、科学的知見に基づいた保健効果をうたう食品の流通が盛んになってきたということがある。このような食品を「特定保健用食品」として位置付け、国民が健康管理のために適正な選択ができ、かつ栄養改善に役立てる目的で、こうした措置がとられた。

（2）疾病予防からみた三次機能の重要性

人は自らの生命を維持し、活動を営み続けるために、食べ物を食べる。食べ物がこのように役に立つのは、それが多くの種類の栄養素を含んでいて、人によって摂食され消化されると、「いのち」を維持するのに不可欠な物質が人の身体に補給されるからである。食べ物は、このように栄養素の供給機能をもつが、それだけが食べ物の持つ機能ではない。食べ物の色、味、香り、テクスチャー等によって、私達の五感も満足させる。この他にも食べ物はいろいろな機能を持っている。そして、食べ物の選択にあたっては、飢餓状態では食べ物の「一次機能」が最優先になるが、飢えが解消されると、むしろ食べ物の「二次機能」にウエイトがおかれるようになる。つまり、おいしい食べ物、食事に楽しさを与えてくれる食べ物を選んで食べるようになると言うことである。さらに、もう一つ豊かになってくると、おいしさだけではなくて、「三次機能」を重視する。つまり「からだ」に良いものを選ぶようになり、近年では食品の持つ生体防御、体調リズム調節、疾病予防及び回復といった三次機能に光が当たっている。

こうした食品の三次機能の解明は健康を維持・増進していく上で重要で、今後、様々な食品が、この三次機能を考慮した上で作られていくものと思われる。特に、近年糖尿病やがん等の生活習慣病といわれる疾病が増え、医療費の増大が深刻化しているが、こうした疾病の予防のため、日頃から三次機能を有する食品の摂取は重要になる。もちろん、この背景には、がん、心臓病、脳卒中等の生活習慣病の増加、その他（アレルギー等）、いろいろな「からだ」に対する危険があり、普段食べる「食べ物」から積極的に健康を維持しようとする風潮の高まりがある。

2. 保健機能食品

　国の制度としては，国が定めた安全性や有効性に関する基準等を満たした保健機能食品制度は，「おなかの調子を整えます」「脂肪の吸収をおだやかにします」等，健康の維持及び増進に役立つ食品の場合にはその機能について，また，国の定めた栄養成分については，一定の基準を満たす場合に，その栄養成分の機能を表示することができる制度である。

　従来，「いわゆる健康食品」のうち，一定の条件を満たした食品を「保健機能食品」と称することを認める制度で，国への許可等の必要性や食品の目的，機能等の違いによって，「特定保健用食品」と「栄養機能食品」「機能性表示食品」の3つに分類される。「機能性表示食品」は，2015（平成27）年度より新たに制度化された。p. 123から項を改めて解説する。

（1）特定保健用食品と栄養機能食品について

　特定保健用食品とは，身体の生理学的機能や生物学的活動に影響を与える保健機能成分を含み，食生活において特定の保健の目的で摂取をするものに対し，その摂取により当該目的が期待できる旨の表示をする食品である。その販売には，個別に生理的機能や特定の保健機能を示す有効性や安全性等に関する国の審査を受け，許可（承認）を得なければならない。

図8-1　特定保健用食品マーク

　一方，栄養機能食品とは，身体の健全な成長，発達，健康の維持に必要な栄養成分（ビタミン，無機質等）の補給・補完を目的としたもので，高齢化や食生活の乱れ等により，通常の食生活を行うことが難しく，1日に必要な栄養成分を摂取できない場合等に摂取する食品である。その販売には，国が定めた規格基準に適合する必要があり，その規格基準に適合すれば国等への許可申請や届出の必要はなく，製造・販売することができる。

　国民生活において，健やかで心豊かな生活を送るためには，バランスの取れた食生活が重要である。消費者個々人の食生活が多様化し，多種多様な食品が流通する今日では，その食品の特性を十分に理解し，消費者自らが正しい判断によりその食品を選択し，適切な摂取に努めることが重要である。そのためには，消費者が安心して食生活の状況に応じた食品の選択ができるよう，適切な情報提供が行われることが不可欠である。こうしたことから，国民の栄養摂取状況を混乱させ健康上の被害をもたらすことのないよう，また国民に過大な不安を与えることのないよう，一定の規格基準，表示基準等を定めるとともに，消費者に対して正しい情報の提供を行い，消費者が自らの判断に基づき食品の選択を行うことができるようにするため，保健機能食品の制度化がなされた。

　保健機能食品の表示の基本的な考え方は次頁のとおりである。

① 国の栄養目標及び健康政策に合致したものであること。
② 栄養成分の補給・補完あるいは特定の保健の用途に資するもの（身体の機能や構造に影響を与え，健康の維持・増進に役立つものを含む）であることを明らかにするものであること。
③ 表示の科学的根拠が妥当なものであり，かつ，事実を述べたものであること。
④ 消費者への適切な情報提供の観点から，理解しやすく正しい文章及び用語を用い，明瞭なものであること。
⑤ 過剰摂取や禁忌による健康危害を防止する観点から，適切な摂取方法等を含めた注意喚起表示を義務付けること。
⑥ 「食品衛生法」，「健康増進法」，「医薬品，医療機器等の品質，有効性及び安全性の確保等に関する法律」等の法令に適するものであること。
⑦ 医薬品等と誤認しないよう，保健機能食品（栄養機能食品あるいは特定保健用食品，機能性表示食品）である旨を明示するとともに，疾病の診断，治療または予防にかかわる表示をしてはならないこと。

3. 特別用途食品

　特別用途食品とは，乳児，幼児，妊産婦，病者等の発育，健康の保持・回復等に適するという特別の用途について表示するものである。特別用途食品として食品を販売するには，その表示について国の許可を受ける必要がある。

　特別用途食品には，病者用食品，妊産婦・授乳婦用粉乳，乳児用調製粉乳及びえん下困難者用食品がある。表示の許可に当たっては，許可基準があるものについてはその

図8-2　特別用途食品マーク

適合性を審査し，許可基準のないものについては個別に評価を行っている。健康増進法に基づく「特別の用途に適する旨の表示」の許可には特定保健用食品も含まれる。

　特別用途食品は以下の①～⑤に分類される。
① 病者用食品
② 妊産婦，授乳婦用粉乳
③ 乳児用調製粉乳
④ えん下困難者用食品
⑤ 特定保健用食品

　病者用食品には許可基準型と個別評価型があり，許可基準型は更に低たんぱく質食品，アレルゲン除去食品，無乳糖食品，総合栄養食品に分けられる。

(1) 許可すべき特別用途食品の範囲

① 特別用途食品の表示については，病者用食品，妊産婦・授乳婦用粉乳，乳児用調製粉乳及びえん下困難者用食品に係るものを健康増進法第26条第1項の許可の対象とする。

② 病者用食品のうち次に掲げる食品群に属する食品（以下「許可基準型病者用食品」という）については，許可基準により特別用途食品である表示の許可を行い，その他の病者用食品（以下「個別評価型病者用食品」という）については，個別に評価を行い，特別用途食品である表示の許可を行う。

　a．低たんぱく質食品，b．アレルゲン除去食品，c．無乳糖食品，d．総合栄養食品

③ 病者用食品について，特別の用途に適する旨の表示とは，以下の各項のいずれかに該当するものであること。したがって，これらの表示がなされた食品が無許可で販売されることのないよう留意すること。

　a．単に病者に適する旨を表示するもの。例えば「病者用」，「病人食」等。

　b．特定の疾病に適する旨を表示するもの。例えば「糖尿病者用」，「腎臓病食」，「高血圧患者に適する」等。

　　ただし，具体的な疾病名を表示した場合のみに限られるものでなく，その表現がある特定の疾病名を表示したものと同程度の効果を消費者に与えると考えられる場合を含むものとする。例えば「血糖値に影響がありません」，「浮腫のある人に適する」等。

　c．許可対象食品群名に類似の表示をすることによって，病者用の食品であるとの印象を与えるもの。例えば「低たんぱく食品」，「低アレルゲン食品」等。

(2) 病者用食品である表示の許可基準

1) 基本的許可基準

① 食品の栄養組成を加減し，または特殊な加工を施したものであって，医学的，栄養学的見地からみて特別の栄養的配慮を必要とする病者に適当な食品であることが認められるものであること。

② 特別の用途を示す表示が，病者用の食品としてふさわしいものであること。

③ 適正な試験法によって成分または特性が確認されるものであること。

2) 概括的許可基準

① 指示された使用方法を遵守したときに効果的であり，しかもその使用方法が簡明であること。

② 品質が通常の食品に劣らないものであること。

③ 利用対象者が相当程度に広範囲のものであるか，または病者にとって特に必要とされるものであること。

3）許可基準型病者用食品

① 基本的許可基準及び概括的許可基準に加え，許可基準型病者用食品については，食品群別の許可基準（規格，許容される特別用途表示の範囲及び必要的表示事項）のとおりとすること。

　なお，この場合の必要的表示事項とは，内閣府令第8条各号に定める表示事項のほか，特に記載すべき事項を列記したものである。

② 同種の食品が存在しない場合における食品群別許可基準の適用に当たっては，その規格欄のうち，通常の同種の食品の特定成分含量との比較規定は適用せず，許可申請食品の成分構成やその用途等からして，当該食品が病者用食品として許可するにふさわしいものであるかどうかを個別に判断して，許可の決定をするものとすること。

4）個別評価型病者用食品

① 基本的許可基準及び概括的許可基準に加え，個別評価型病者用食品については，「保健機能食品制度の見直しに伴う特定保健用食品の審査等取扱い及び指導要領の改正について」（平成17年2月1日食安発第0201002号）の「特定保健用食品の審査等取扱い及び指導要領」に規定する特定保健用食品の評価方法と同様に，個別に科学的な評価を行うことにより病者用食品としての表示を認め，特定の疾病を持つ病者に対し適切な情報提供を行えるようにすることが適当であるとの観点から，個別評価による病者用食品としての表示許可を行うこととしたものである。

② 個別評価型病者用食品に係る病者用食品たる表示の許可については，以下のa）〜j）に規定するすべての要件を満たすものを個別に評価するものとする。

　なお，この場合の「食事療法」とは，疾病の治療及び再発や悪化の防止を目的として，医師の指示により医学的，栄養学的知見に基づき，栄養素等を管理した食事を摂取することをいい，「関与する成分」とは，食事療法を実施するに当たり，疾病の治療等に関与する食品成分をいう。

　a．特定の疾病のための食事療法の目的の達成に資するための効果が期待できるものであること。

　b．食品または関与する成分について，食事療法上の効果の根拠が医学的，栄養学的に明らかにされていること。

　c．食品または関与する成分について，病者の食事療法にとって適切な使用方法が医学的，栄養学的に設定できるものであること。

　d．食品または関与する成分は，食経験等からみて安全なものであること（食品衛生上問題がない食品であることはもとより，これまでも人による食経験があるものであるとともに，その摂取量，摂取方法等からみて過剰摂取による健康障害，栄養のアンバランス等を生じないものであること）。

　e．関与する成分は，次に掲げる事項が明らかにされていること。

ア　物理学的，化学的及び生物学的性状並びにその試験方法
　　　イ　定性及び定量試験方法
　　f．同種の食品の喫食形態と著しく異なったものではないこと（病者用食品は食事療法として日常の食事の中で継続的に食するものであり，食事様式を大きく変えることなく，今まで食べていたものと置き換えることにより食事療法を容易にするために必要な要件であること）。
　　g．まれにしか食されないものでなく，日常的に食される食品であること。
　　h．原則として，錠剤型，カプセル型等をしていない通常の形態の食品であること。
　　i．食品または関与する成分は，「無承認無許可医薬品の指導取締りについて」（昭和46年6月1日薬発第476号）別紙「医薬品の範囲に関する基準」の別添2「専ら医薬品として使用される成分本質（原材料）リスト」に含まれるものではないこと。
　　j．製造方法，製品管理方法が明示されているものであること。
③　個別評価型病者用食品の許可の適否は，専門の学識経験者の意見を聴き判断する。
④　個別評価型病者用食品の許可された場合の必要的表示事項は，次に掲げる通りとする。
　　a．病者用食品である旨。
　　b．医師に指示された場合に限り用いる旨。
　　c．○○疾患に適する旨。
　　d．医師，管理栄養士等の相談，指導を得て使用することが適当である旨。
　　e．食事療法の素材として適するものであって，多く摂取することによって疾病が治癒するというものではない旨。
　　f．表示許可の条件として示された事項がある場合は当該事項。
　　g．過食による過剰摂取障害の発生が知られているものまたはそのおそれがあるものについては，申請書に添付した資料に基づきその旨。

4. 機能性表示食品

　特定保健用食品（トクホ）や栄養機能食品に続く，第三の機能性表示制度である。これまで，食品の機能性について表示が認められていたのは「特定保健用食品」と「栄養機能食品」だけであった。それ以外の食品については，例えば青魚に多く含まれるEPA，DHAには「血液をさらさらにする作用がある」とか，トマトに多く含まれるリコピンには「抗酸化作用がある」等，その機能について表示することができなかった。また，これまでの表示制度では，特にサプリメントや健康食品において「何にいいのか具体的に表記されていない」という問題があった。そのため，新たな制度では「安全性」や「機能性」について一定の条件をクリアすれば，企業や生産者の責任で「体のどの部分にいいのか」「どう機能するのか」を表示できるようになる。

「体の部位」や「機能性」が表示されることで，目的に応じて商品（食品）を選びやすくなる。例えば特定保健用食品で認められている表示可能部位は「歯，骨，お腹」だけであるが，新たな制度では様々な部位について表示される可能性が高くなっている。また機能性についても特定保健用食品では認められていない「疲労」「ストレス」「睡眠」等の表示が可能になる。機能性関与成分が特定でき，作用するために効果的な量を摂取することができるのであれば，生鮮食品や農産物にも機能性表示は可能となる。そのため「高リコピントマト」や「高スルフォラファンブロッコリー」といった，健康が気になる者にはうれしい「機能性野菜」の開発も進んでいて，今後注目されている。同時に，機能性表示食品を販売する企業や生産者は，その根拠となるための研究データやメカニズムを消費者にわかりやすく公開する義務を負う。そのため，消費者は自分の選んだ機能性表示食品について，そのメカニズムや自分との相性をきちんと確認したり調べたりしやすくなる。

5. 機能性表示食品の制度

　機能性表示食品の制度ができた背景は，次のとおりである。制度ができるまでは，機能性を表示することができる食品は，国が個別に許可した特定保健用食品（トクホ）と国の規格基準に適合した栄養機能食品に限られていた。そこで，機能性をわかりやすく表示した商品の選択肢を増やし，消費者がそうした商品の正しい情報を得て選択できるよう，2015（平成27）年4月に，新しく「機能性表示食品」制度がはじまった。

（1）機能性表示食品制度の特徴

制度の特徴を以下に示す。

① 国の定めるルールに基づき，事業者が食品の安全性と機能性に関する科学的根拠等の必要な事項を，販売前に消費者庁長官に届け出れば，機能性を表示することができる。

② 生鮮食品を含めすべての食品が対象となるが，特別用途食品（特定保健用食品を含む），栄養機能食品，アルコールを含有する飲料や脂質，コレステロール，糖類（単糖類または二糖類であって，糖アルコールでないものに限る），ナトリウムの過剰な摂取につながるものを除く。

③ 特定保健用食品とは異なり，国が安全性と機能性の審査を行わないので，事業者は自らの責任において，科学的根拠を基に適正な表示を行う必要がある。機能性については，臨床試験，または研究レビュー〔一定のルールに基づき文献を検索し，総合的に評価（システマティックレビュー）する手法〕によって科学的根拠を説明する。その際にヒトを対象として，ある成分または食品の摂取が健康状態等に及ぼす影響について評価する介入研究臨床試験や研究レビュー（システマティックレビュー）に関する知識等が必要となる。

④　新制度により機能性を表示する場合，食品表示法に基づく食品表示基準や「機能性表示食品の届出等に関するガイドライン」等に基づいて，届出や容器包装への表示を行う必要がある。

　機能性の評価の際に科学的な根拠を説明する手法は介入研究（最終製品を用いた「臨床試験」は，ヒトを対象として，ある成分または食品の摂取が健康状態等に及ぼす影響について評価する手法）と研究レビュー（システマティックレビュー）がある。

6. 健康食品とその問題点

　健康食品（保健機能食品をのぞく）は法令上に規定された食品ではなく，一般的に健康に関する効果や食品の機能等を表示して販売されている栄養補助食品，健康補助食品，サプリメント等を指す。法律上の定義はない。

　一方，保健機能食品とは，個別に生理的機能や特定の保健機能を示す有効性及び安全性等に関する国の審査を受け，厚生労働大臣が定める基準に従い，有効性に係る表示を許可または承認された食品（特定保健用食品）及び特定の栄養成分を含むものとして法令上に規定された食品である。

　日本では健康食品，サプリメントの定義もはっきりとしておらず，臨床研究に関しても遅れている。そのために安全性や副作用等の情報が乏しく，販売者側の情報を頼りに食品だから安心という気持ちで利用しているのが大多数と考えられる。

図 8-3　保健機能食品の分類及び健康食品・医薬品との関係
出典　http://www.mhlw.go.jp/stf/seisakunitsuite/bunya/kenkou_iryou/shokuhin/hokenkinou

(1) 健康食品の問題点

① 効果の実証：実際に期待される効果，作用があるのか実証例に乏しい。

② 規格基準がない：栄養機能食品以外は，健康食品の規格基準がない。日本健康栄養食品協会が規格基準を設けて 57 種類の健康補助食品に協会認定の JHFA マークを表示している。

図 8-4　JHFA マーク
出典　http://www.jhnfa.org/health-02.html

③ 摂取目安・方法：摂取目安・方法の基準がなく，効果を期待して過剰に摂取する危険性がある。十分な食事をとらず健康食品に頼ることも考えられる。

④ 妊婦，授乳婦，小児，長期摂取の安全性：ビタミンAの過剰摂取を除いて，ビタミン，ミネラルに関して催奇形の問題または長期摂取における問題はないとされるが，特に食経験のないハーブ系の場合では研究が不十分のため妊婦，授乳婦，乳幼児，小児の摂取には注意が必要である。

⑤ 副作用：臨床研究が遅れているため，副作用に関する情報が少なく今まで安全であったと思われる健康食品でも重篤な副作用が起こる可能性がある。

⑥ 疾病，医薬品への影響：医薬品より健康食品の方が安全でしかも治療効果があると思い治療薬を飲まない場合，治療を受けない場合があると症状の悪化や合併症を引き起こすことになる。また，健康食品を摂ることにより症状を悪化させたり，治療薬の作用を強めたり弱めたりと影響を与えるものもある。

⑦ 個人輸入・値段：インターネット販売や通信販売等で，海外からの製品も多く手にはいるようになっている。海外では食品扱いの成分でも日本では医薬品扱いの成分が含まれている場合もある。

様々な情報不足から，保健機能食品の主旨を誤解させる表示・広告の存在，科学的正確性に乏しく有効性の面に偏った情報が発信され，安全性・効果を過信している傾向にある。

また従来，専門的でない会社が，流行している適当な素材を得て，その素材を使ってサプリメントを作って販売する，これが一般的な健康食品の流れである。この結果，沢山の過大広告した商品が社会に販売されており，これが大きな問題となっている。

このため，きちんと化学成分の解明された素材を活用して，本物の効果のある商品を作る必要がある。筆者は岡山理科大学発ベンチャー会社を設立して，健康美容の商品を開発して販売している。これら一連の販売商品は全て，化学成分の同定，安全性と安心のある商品であり，科学的な裏付け論文も多数報告されている。このように人が科学的に証明された商品を購入して，サプリメントを生活の一部の補助食品として活用する事が望ましい。

参考文献・資料

食品三機能性について　http://www2.tokai.or.jp/shida/sin-w/syokuhin_kinou.htm
健康食品について　http://www.matsudo-yaku.or.jp/health/healthfoods/
機能性表示食品制度について　http://www.caa.go.jp/foods/pdf/syokuhin1443.pdf
食品の機能性について　http://www.caa.go.jp/foods/pdf/syokuhin1442.pdf
機能性表示食品について　http://www.fujisawa-junten.or.jp/pdf/2015.06.pdf
食品衛生法，栄養機能食品，特定保健用食品，特定用途食品について
　http://www.caa.go.jp/foods/index.html
特別用途食品の表示許可基準について　http://www.caa.go.jp/foods/pdf/syokuhin625_2.pdf
特別用途食品について
　http://www.fukushihoken.metro.tokyo.jp/anzen/hoei/hoei_013/hoei_013.html

第9章

食環境とバイオテクノロジー

> ポイント　バイオテクノロジーの発展に伴い，遺伝情報を利用した正確な個体識別や免疫を利用した高感度，極微量分析が可能となった。食の安全を脅かす環境汚染物質の混入や食品成分の発がん性などの危害分析においても，これらのセンシング技術が活用されている。本章においては，近年，特に注目される食の安全に係わるいくつかのセンシング技術について解説する。

1. 食の安全・安心とセンシング

　食糧生産は，産業革命以降，科学技術の発達に伴い，著しい伸びを示し1960年代からの約半世紀の間に，多くの国々が人類史上例を見ない穀物の大増産を達成している。しかし，これを可能にした背景には化学肥料や農薬等の大量使用があった[1]。一方，食糧の大増産は流通経済の拡大をもたらし，食糧生産と消費の間に位置する，食品加工や，貯蔵，流通過程は重要性を増し，これらの分野に関わる技術開発が進展した。食品をより魅力的な商品とし，また商品寿命を延ばす目的から多くの合成食品添加物や保存料が数多く開発され使用されることになった。しかし，このような食糧をめぐる急激な環境変化に対し，安全を確保する監視体制の整備が追いつかず，大規模な食中毒の発生や，新たに登場した化学物質による食品汚染等の健康被害を招くことになってきた[2]。

　食品添加物や農薬等の利用拡大に伴い，1962年には，安全性を含めた食品の国際規格を作るために，国連にコーデックス委員会（Codex Alimentarius Commission）が組織され，食の安全について科学的根拠に基づいた審議が行われるようになっている。食品添加物の安全基準や，遺伝子組換え食品の安全規格の策定がなされ，これらのリスクを客観的に評価する新たな多くの手法も検討され開発されてきた。

2. 食環境への応用

　戦後，石油化学工業の飛躍的な発展により，自然界には存在しない化学物質が多数生産されるようになり，環境に放出される化学物質は増え続ける結果となった。今日有害性と残留性の高い化学物質は製造，使用が禁止されているが，過去に使用されたポリ塩化ビフェニル（PCB）やトリブチルスズオキシド（TBTO）等は，河川あるいは海水等の環境

中に，微量ではあるが長期に存在し続けている。それらは，環境に生息する生物に徐々に取り込まれ，やがて，食物連鎖により濃縮されて，最終的には食物より私達の体の中に取り込まれ，健康被害を生じるおそれがあると考えられる[3]。昭和30年代には，熊本県水俣市において，工場から水銀が湾内に流出し，そこで獲れた魚介類を人間が食べることにより，水銀が蓄積し水俣病という大規模な健康被害が発生する公害事件が起きている。

このような公害問題を契機に，環境汚染は食品汚染と密接に関連することが認識され，国立医薬品食品衛生研究所ではこのような食品経由で摂取のおそれのある，環境汚染物質の種類及び暴露量を把握するため，毎年，全国の研究機関で食品中の環境汚染物質の分析（モニタリング）を行っており，各種農薬や有機スズ化合物等が調査されている[4]。調査は，主にガスクロマトグラフィー質量分析計（GCMS）等を用いた機器分析が中心であるが，近年，免疫学的な分析手法であるイムノアッセイによる残留農薬の分析法も開発され，利用できるようになった[5]。イムノアッセイは特異抗体を用い，抗原と抗体を反応させ，生成した複合物の標識体を利用して検出する鋭敏な分析法で，血中ホルモンの測定等の臨床化学の分野で応用されている。しかし，一般には高分子物質が対象で，農薬のような低分子物質に対する抗体は形成されず，適用は困難であった。農薬のような低分子物質が免疫反応を惹起するには高分子キャリア（ハプテン）[*1]に結合させなければならないが，近年，優れたハプテンが設計され，種々の農薬に対する抗体が開発され，現在では，残留農薬の測定キットが複数商品化されている。規制対象残留農薬は増大し，その分析需要は高まってきている。イムノアッセイは簡単な方法であり，高感度，かつ迅速に多検体処理が可能といった利点から，従来の機器分析法に加えてイムノアッセイ測定法も有力な分析手段として，分析の機会が増えて行くものと思われる。

3. 遺伝子組換え食品

遺伝子組換え技術の登場により除草剤耐性作物等の遺伝子組換え作物が誕生した。除草剤耐性作物では土壌細菌のアグロバクテリウム[*2]のアミノ酸合成酵素遺伝子を導入することにより，除草剤耐性が獲得されている。また，昆虫食害抵抗性作物では昆虫の病原菌が持つ鱗翅類の幼虫に対して毒性を示す毒素たんぱく質の遺伝子が組み込まれ，これにより害虫が作物を摂食できないようにしている。組換え作物では，農薬使用量や散布頻度を

[*1] **ハプテン**：ハプテンとは特異抗体とは反応するが，免疫反応は誘導しない抗原のことである。ハプテンは高分子のたんぱく質（キャリア）と結合することにより，免疫反応を誘導するようになる。

[*2] **アグロバクテリウム**：植物を腫瘍化する土壌細菌。植物に侵入すると，菌の中のDNAの一部を核DNAに取り込ませ腫瘍化する。植物細胞にはプラスミドは見つかっていないので，この性質を利用し植物の遺伝子組換え操作に利用されている。

> **コラム　遺伝子組換え農作物**
>
> 　遺伝子組換え農作物の商業栽培は 1996 年に始まり，当初，栽培面積は 170 万 ha に過ぎなかったが，2012 年には日本国土の約 4.5 倍の 1 億 7,030 万 ha にまで急増しており，日本は遺伝子組換え作物を大量に輸入していると推定されている。現在，日本で使用できる遺伝子組換え食品及び食品添加物を表 9-1 に示す。遺伝子組換え食品には表示が義務付けられており，表示義務の対象となるのは，だいず，とうもろこし，じゃがいも等の 7 種類の農産物と，これらを原材料とした豆腐，納豆等の加工食品 32 食品群である。

表 9-1　これまでに安全性審査を行った食品及び食品添加物（2014 年 4 月 10 日現在）

食品		性質	食品添加物	性質
ジャガイモ	8 品種	害虫抵抗性 ウイルス抵抗性	α-アミラーゼ	生産性向上 耐熱性向上
大豆	15 品種	除草剤耐性 高オレイン酸形質	キモシン	生産性向上 キモシン生産性
てんさい	3 品種	除草剤耐性	プルラナーゼ	生産性向上
トウモロコシ	198 品種	害虫抵抗性 除草剤耐性 高リシン形質 耐熱性αアミラーゼ産生	リパーゼ	生産性向上
			リボフラビン	生産性向上
なたね	19 品種	なたね除草剤耐性 雄性不稔性 稔性回復性	グルコアミラーゼ	生産性向上
わた	43 品種	わた 害虫抵抗性		
アルファルファ	3 品種	除草剤耐性		

出典　厚生労働省医薬品局食品安全部：安全性審査の手続を経た旨の公表がなされた遺伝子組換え食品及び添加物一覧，2014.

少なくすることができ，コストを抑え生産性を高めている。

　食害抵抗性のとうもろこしがオオカバマダラ蝶や他の蝶に重大な脅威を与えているとする学術論文が 1999 年に発表され注目を集めた[6]。これは，このとうもろこしの花粉をまぶした葉を幼虫へ与えたところ，ほぼ半分が死滅した実験に基づくものである。この論文では同時に，自然の中で実際に存在する花粉量ではリスクは無視できることも報告されている。しかし，遺伝子組換え外来遺伝子及びその産物を摂取することに対する漠然とした不安や，組換え作物の遺伝子の自然環境への拡散に対する懸念が続いている。

　2003 年国連の Codex 委員会総会において，遺伝子組換え食品に関するリスク分析並び

に，生物多様性への影響，食品の安全性に関する3つの規格が加盟国間で採択されている[7]。日本においては2001年から，食品衛生法により，遺伝子組換え食品またはこれを原材料に用いた食品の安全審査が義務付けられ，安全性が確認された食品だけが，その製造，輸入，販売が認められる体制となっている[8]。遺伝子組換え食品の安全性評価では，組換えDNA技術により組み込まれる遺伝子の全塩基配列が明らかにされ，有害物質を作る塩基配列が存在しないことや，実際に有害物質の量が増えていないことを確認している。

遺伝子組換え農作物が商業利用されてから，約20年が経過し，この間，問題となるような生物多様性への影響や，組換え食品による健康被害は生じておらず安全評価が適切に機能していることを示唆するものと考えられる。現在，耕作不適地でも栽培可能な第二世代の遺伝子組換え作物の研究が進められており，近い将来，新たな原理の組換え作物の出現が見込まれ，今後とも組換え農作物の安全性を合理的に評価する仕組みについて検討を継続することが重要である。

4. 食品衛生への応用

食品衛生を脅かす問題はいつの時代も絶えることなく起きており，近年はかつて人類が経験したことのないような原因による食品危害も出現している。1960～1970年代は食品添加物の安全性や残留農薬が大きな問題となり，1980～1990年代にはBSE（牛海綿状脳症）が発生し，さらに食品の虚偽表示等も問題となった。このような食品の危害に対処するため，適切な検出方法や評価手法が検討され活用されてきたが，特に微生物や遺伝子を利用したバイオアッセイの技法が進展し普及している。本節では，発がん性及びO-157菌による食中毒の食品危害に対する安全評価技術について述べる。

（1）発がん物質の検出

日本における死亡原因の第1位は悪性新生物（がん）であり，年間の死亡者は37万人と推定されている（2014年，国立がん研究センター調べ）。疫学調査より発がんの主要な要因は食事，喫煙，感染症とされ，なかでも食事由来の発がん物質が大きなウエイトを占めるといわれている[9]。現在，日々多数の化学物質が開発され，身の回りの食品あるいは環境中にはこれらの化学物質が潜んでいる。しかし，その安全性についてはすべてが明らかにされている訳ではなく，化学物質の安全性の確認は重要な課題となっている。対象となる化学物質は極めて多数あり，食品だけでも2,000種類以上存在するといわれている。動物実験による発がん性試験は時間と膨大な費用を要するため，通常，微生物や細胞を用いた評価方法を組み合わせ，試験効率を高めた方法で進められる。エームスらはバクテリアの突然変異を指標に変異原性を調べるエームス試験を開発した。変異原物質が発がん物質とは限らないが，両者の相関が認められており，発がん性の検討の最初のスクリーニン

1) 試料溶液 0.1 mL を滅菌試験管に入れる
2) リン酸緩衝液または S9-mix（ラット肝抽出物）0.5 mL を加える
3) サルモネラ菌（His⁻）懸濁液 0.1 mL を加える

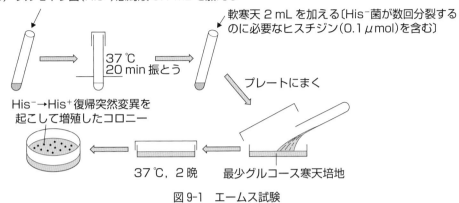

図 9-1　エームス試験

グとして利用されている。His⁻（ヒスチジンを合成できない）サルモネラ菌の変異株を用いて，この菌と試験試料を接触させ復帰突然変異が起こると，ヒスチジンを含まない培地でも生育できるようになるため，その復帰突然変異菌のコロニー数から試験試料の変異原性の有無を知ることができる。塩基対置換型変異原物質の検出にはサルモネラ菌 TA100 が，フレームシフト型変異原物質の検出には TA98 が用いられている。また，この方法とは原理の異なる，微生物による変異原性試験法であるレックアッセイでは，エームス試験で陰性を示す発がん物質が陽性と検出される例が多く，発がん性の一次スクリーニングには複数の変異原性試験が併用される。エームス試験は食品添加物等の発がん性試験において検出手法としての有効性が示され，現在重要な安全評価手法の一つとして多用されている。

(2) O-157 菌の遺伝子検査

　腸管出血性大腸菌の食中毒は，年間 4,000 人前後の感染報告がある。患者数が 100 名を越える事例や，死者を伴う事例等 O-157 を中心に重大な食中毒の発生が続いている。大部分の大腸菌には病原性はないが，病原性を示す菌株があり，腸管出血性大腸菌は，強烈な細胞毒性を示すベロ毒素（VT）を産生し菌体外に分泌する。毒素はたんぱく質で 1 型（VT1）と 2 型（VT2）があり，主な症状は VT による胃腸炎症状，出血便である。乳幼児や高齢者は感染しやすく，50〜100 個の生菌でも感染し，さらに VT による溶血性尿毒症症候群（HUS）を併発することもあり，まれに死亡する。また，VT が脳に入り，脳炎を起こして死亡することもある。ヒトからヒトへの経口感染力が強く，重篤な症状や，死亡例もみられることから，三類感染症に指定されている。

　腸管出血性大腸菌等の菌の産生する毒素による食中毒では，原因菌の同定において，分離菌の毒素産生能評価や，残余食品等からの毒素検出が重要な決め手となる。しかし，従来毒素産生能の検査では，被検菌培養液や食品抽出液を培養細胞や動物に直接投与して調

第9章 食環境とバイオテクノロジー

> **コラム　三類感染症**
>
> 　食中毒は感染による伝搬は低いとされていたが，ノロウイルス等のヒトからヒトへの感染力が強いものや，感染により流行がひき起こされるもの等がある。感染症法では，感染力や罹患した際の病状の重さから感染症を5つに区分し，O-157菌等の腸管出血性大腸菌や細菌性赤痢等は三類感染症に分類されている。有病者が飲食物の製造，販売，調製または取扱いの際に飲食物に直接接触する業務に従事することにより感染症を蔓延させるおそれがあるとされ，有病者はその業務への就業が制限される。

べるため時間と費用がかかった。そこで簡便かつ迅速に行える検査法の開発が求められ，現在は腸管出血性大腸菌検査の場合，ベロ毒素の遺伝子検出法がスクリーニングとして導入されている。検出にはPCR法が用いられ，上記の検体より毒素遺伝子を増幅して電気泳動法で遺伝子の有無を確認することにより，毒素産生菌による食中毒か否かを判定することができる[10]。PCR法は多くの検体を処理できることから，スクリーニング法として優れており，現在，腸管出血性大腸菌以外の食中毒菌の毒素遺伝子のプライマーも市販されていて，それを利用することにより種々の毒素型食中毒菌の検査を行うことができる。

引用文献・資料

1) 農林水産省：国際食料問題研究会報告書，2007，p. 1-2.
2) 熊谷 進・局 博一・大政謙次：科学は食のリスクをどこまで減らせるか，エヌ・ティー・エス，2007，p. 6-7.
3) 環境庁企画調整局：図で見る環境白書 昭和49年版，1974.
4) 農林水産省消費・安全局：有害化学物質含有実態調査結果データ集（平成23～24年度），2014，p. i-viii.
5) 湯浅洋二郎「イムノアッセイによる残留農薬の分析」，食品衛生学雑誌，Vol. 39, No. 2, 1998, p. 61-66.
6) Losey J. E., et al.「Transgenic pollen harms monarch larvae」, *Nature*, Vol. 399, 1999, p. 214.
7) URL : http://www.Codexdimentarius.net/web/standard_1ist.do?1ang=en
8) 食品衛生法，食品，添加物等の規格基準
9) Doll, R. and Peto, R., eds. : *The causes of cancer*, Oxford University Press, Oxford 1981, p. 119-138.
10) 小林直樹・工藤由起子「腸管出血性大腸菌の分子生物学的研究と食品での検査方法の発展」，日本食品微生物学会雑誌，30巻，2013，p. 147-155.

参考文献・資料

岩田健太郎：「リスク」の食べ方-食の安全・安心を考える，日本放送出版協会，2012.

第10章

医療とバイオテクノロジー

ポイント　バイオ医薬としての抗生物質，インスリン，血栓溶解剤，造血剤の構造や作用機構及び開発の歴史を概観する。またモノクローナル抗体の製造法と医薬品への応用，がん治療の現状と新しい抗がん剤の開発，注目される遺伝性疾患の診断等，人々の健康増進や生命維持との関連性から考えてみたい。

1. 抗生物質

(1) 抗生物質の歴史と課題

　抗生物質とは，主に放線菌やカビによって産生される微生物やがん細胞等の生育や増殖を阻止する化学物質である。抗生物質は，1929年にフレミングがカビ（ペニシリウム・クリソゲナム）から分離したペニシリンGが最初であり，1941年に別のグループが結晶化した。その後，ストレプトマイシン（放線菌），クロラムフェニコール（放線菌），エリスロマイシン（放線菌），カナマイシン（放線菌）等が相次いで発見され，一方では，アクチノマイシンC（放線菌），マイトマイシンC（放線菌），ブレオマイシン（放線菌）等の抗腫瘍性抗生物質，ナイスタチン（放線菌）等の抗真菌性抗生物質，ブラスチシジンS（放線菌）やカスガマイシン（放線菌）等の植物病原菌（いずれもイモチ病菌）を標的とする抗生物質も開発され用途が拡大した。現在では，医療用のほかに，家畜や養殖魚等の飼料添加物にも使用されている。

　抗生物質の細菌に対する作用には，静菌的作用と殺菌的作用がある。静菌的作用は菌の増殖を止めることはできるが，殺菌できないため，増殖の止まった菌を好中球等が貪食し殺菌する。そのため，血中濃度が低下すると，菌が再び増殖することになる。殺菌的作用は菌を死滅させるため，免疫能の落ちた患者にも投与できる。抗生物質は細菌感染症に劇的な効果を示し汎用されてきたが，薬剤耐性菌の出現や菌交代現象という問題も生じた。ペニシリンを分解する酵素（ペニシリナーゼ）を産生する耐性菌が出現すると，ストレプトマイシン，クロラムフェニコール，テトラサイクリン等が用いられた。やがて，これら薬剤に対する耐性菌が出現し，ペニシリナーゼで分解されない半合成ペニシリンのメチシリンが開発された。しかし，1961年には，バンコマイシンのみが有効なメチシリン耐性黄色ブドウ球菌（MRSA）が分離され，1996年にはそれにも効かない耐性菌が出現した。MRSAの毒性は通常の黄色ブドウ球菌と変わらないが，免疫能が低下した入院患者等が

第10章 医療とバイオテクノロジー

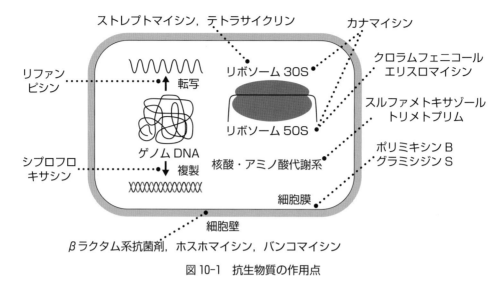

図10-1　抗生物質の作用点

感染すると抗生物質が効かず重篤な感染症を招くことがある。このように，抗生物質の開発は耐性菌との戦いでもある。一方，健常人の皮膚や粘膜の表面には細菌を中心とした特定の微生物群が定着した常在微生物叢が存在する。常在菌群は外部から侵入してくる細菌の増殖を抑えているため，様々な細菌を標的とする抗生物質を用いると病原菌と共に有益な常在菌も死滅することになる。わずかに残っていた耐性菌がやがて息を吹き返して増殖し，感染症を引き起こす菌交代現象が起こる。

なお，本章では微生物起源の抗生物質と合成薬を区別するために，抗生物質には生産菌の名称等を括弧内に付記した。また，代表的な抗生物質の作用点を図10-1にまとめる。

(2) 代表的な抗生物質
1) 細胞壁合成阻害薬

細胞壁合成阻害薬は殺菌的作用を示し，βラクタム抗菌薬，ホスホマイシン，バンコマイシンに分類される。βラクタム抗菌薬は，細菌の細胞壁の構成成分，ペプチドグリカンの合成に関わるトランスペプチダーゼ（ペニシリン結合たんぱく質）の活性を阻害する。母核構造の違いから，ペニシリン系，セフェム系，モノバクタム系，カルバペネム系等に分かれる。ペニシリン系は6-アミノペニシラン酸を基本骨格に，主に6位の側鎖を化学変換して作られた半合成ペニシリンである。第一世代から第四世代までの4タイプがある（図10-2）。セフェム系は1955年にカビ（アクレモニウム・クリソゲナム）から分離されたセファロスポリンCの7-アミノセファロスポリン酸を基本骨格に，3ヵ所の側鎖（図10-3のR_1, R_2, R_3）を化学変換したものである（第一世代～第四世代）。これらは六員環構造のため，ペニシリナーゼが分解しにくい。セファゾリン（第一世代）は，ペニシリナーゼ産生の黄色ブドウ球菌を含むグラム陽性菌やグラム陰性菌の一部に有効である（図

ペニシリンG	メチシリン	アンピシリン	ピペラシリン
第一世代	第二世代	第三世代	第四世代
R= 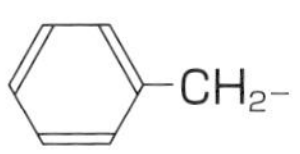	R= 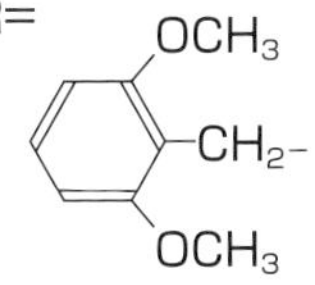	R= 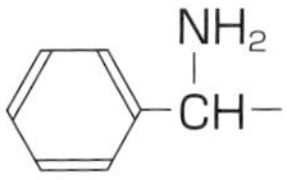	R= 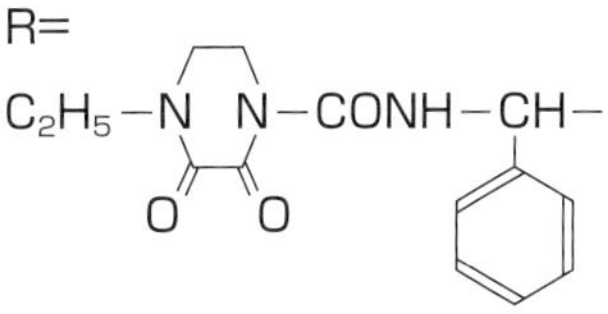
グラム陽性球菌 (グラム陰性球菌)	グラム陽性球菌 (グラム陰性球菌) ペニシリナーゼ耐性	グラム陽性球菌 グラム陰性球菌・桿菌 (緑膿菌を除く)	グラム陽性球菌 グラム陰性球菌・桿菌 緑膿菌，バクテロイデス

CH2-
OCH3
CH2-
OCH3
NH2
CH-
C2H5-N N-CONH-CH-
O O

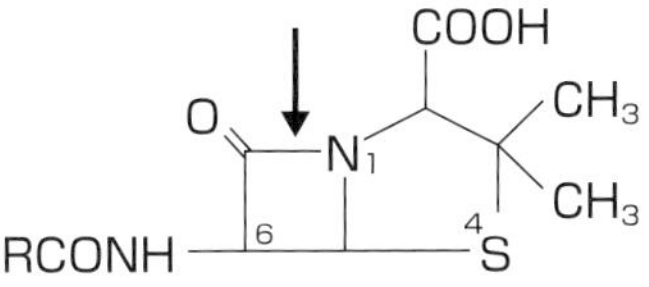

COOH
O
N1
CH3
CH3
6
4
RCONH
S

ペニシリン母核(6-アミノペニシリン酸誘導体)

↓：ペニシリナーゼの切断部位
Rは置換可能な側鎖
(半合成ペニシリン)

図 10-2　代表的なペニシリン系抗生物質

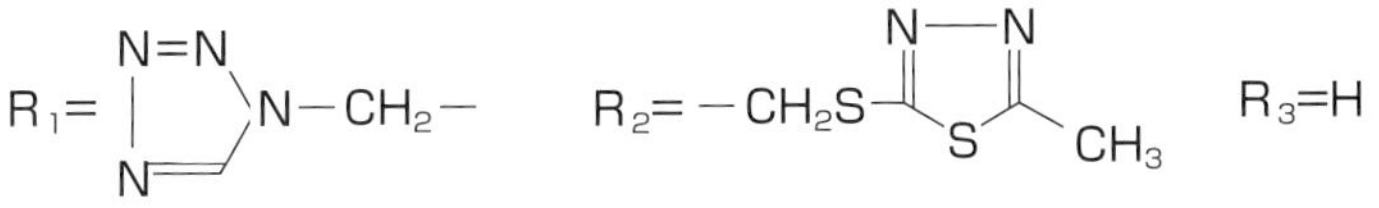

N=N
R1=
N-CH2-
N
N—N
R2=-CH2S-
S
CH3
R3=H

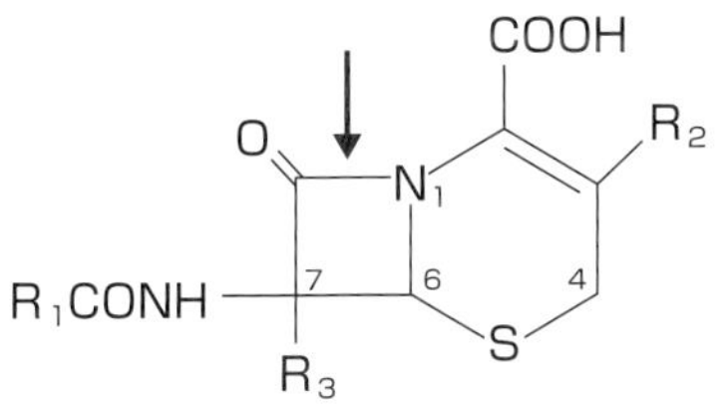

COOH
O
R2
N1
R1CONH
7
6
4
S
R3

セファロスポリン母核(7-アミノセファロスポリン酸誘導体)

↓：セファロスポリナーゼの切断部位

R_1，R_2，R_3は置換可能な側鎖(半合成セファロスポリン)

図 10-3　セフェム系抗生物質・セファゾリンの構造

10-3)。セフロキシム（第二世代）はグラム陰性菌のインフルエンザ菌にも作用するが，緑膿菌には無効である。第三世代のセフトリアキソンはグラム陽性菌よりも陰性菌に作用し，セフタジジムは緑膿菌にも適用できる。セフェピム（第四世代）は第一世代と第三世代の特徴をあわせもち，ペニシリナーゼ産生の黄色ブドウ球菌や緑膿菌にも作用する。モノバクタム系のアズトレオナム（細菌由来SQ-26823の誘導体）は緑膿菌を含むグラム陰性菌に，カルバペネム系のイミペネム（放線菌由来チェナマイシンの誘導体）はグラム陽性菌やグラム陰性菌に有効である。また，ホスホマイシン（放線菌）は細胞壁合成の初期反応に関わるエノールピルビン酸トランスフェラーゼの活性を阻害し，グラム陽性菌やグ

ラム陰性菌に効果を示す。バンコマイシン（放線菌）は糖とアミノ酸を含むグリコペプチドであり，細胞壁合成の伸長反応に関わるトランスグリコシダーゼの活性を阻害しグラム陽性菌に有効である。

2）核酸合成阻害薬

核酸合成阻害薬は，キノロン薬とリファンピシン（リファマイシンBの誘導体）に分類され，いずれも殺菌的作用を示す。キノロン薬のナリジクス酸は，1962年に抗マラリヤ薬のクロロキンの合成中間体から開発された薬剤である。大腸菌等のグラム陰性菌に効果があるため，尿路感染症の治療に用いられた。キノロン骨格にフッ素を導入したシプロフロキサシン（ニューキノロン薬）は，緑膿菌を含むグラム陰性菌やグラム陽性菌にも作用する。これらは，DNA複製に関わるDNAジャイレース（二本鎖DNAを切断してねじれをとる）の活性を阻害する。一方，リファンピシンは，RNA合成にかかわるRNAポリメラーゼの活性を阻害する。グラム陽性菌やグラム陰性菌に有効であり，特に，結核やマイコバクテリア感染症の治療に用いられている。

3）たんぱく質合成阻害薬

たんぱく質合成阻害薬は，アミドグリコシド系，テトラサイクリン系，クロラムフェニコール系，マクロライド系に分類される。アミドグリコシド系のストレプトマイシンやカナマイシンは，好気性のグラム陰性菌に強力な殺菌的作用を示すが，脳神経障害による難聴や腎毒性の副作用がある。ストレプトマイシンは細菌70Sリボソーム（Sは沈降係数）の30Sに結合し，カナマイシンはリボソームの30Sと50Sに結合する。共に抗結核薬である。テトラサイクリンはリボソームの30Sに結合し，アミノアシルtRNAがリボソーム上のA部位に結合するのを阻害する。グラム陽性菌と緑膿菌を除くグラム陰性菌に静菌的に作用する。クロラムフェニコールはリボソームの50Sに結合し，ペプチド結合の形成を阻害する。グラム陽性菌やグラム陰性菌に静菌的に作用するが，緑膿菌や結核菌には効かない。また，造血障害を起こすため，腸チフス等の治療に限定される。マクロライド系のエリスロマイシンはリボソームの50Sに結合し，ペプチド鎖の転移過程を阻害する。主にグラム陽性菌に静菌的に作用し，マイコプラズマ感染症の治療薬である。

4）葉酸代謝阻害薬・細胞膜傷害薬

葉酸代謝阻害薬のスルファメトキサゾールは，細菌の葉酸代謝に関わるジヒドロプテロイン酸合成酵素を，トリメトプリムは同様にジヒドロ葉酸還元酵素を阻害することで抗菌活性を発現する。グラム陽性菌に対して抗菌作用があるが，緑膿菌には効果がない。細胞膜傷害薬のポリミキシンBやグラミシジンS（共に枯草菌）は，細胞膜の透過性を変化させ，グラム陰性菌に殺菌的に作用する。副作用が強く，用途が限られている。

5）薬剤耐性

薬剤耐性には，抗生物質を分解または修飾する酵素の産生（βラクタム抗菌薬，クロラムフェニコール），抗生物質の細胞内への取込みを抑制（ホスホマイシン）や細胞外への

排出を促進（テトラサイクリン），抗生物質が標的とするたんぱく質やリボソームの変異（アミノグリコシド，マクロライド）等が知られており，複数の薬剤耐性を持つ多剤耐性菌の出現が臨床上の大きな問題となっている。

2. インスリン

（1）インスリンの構造と働き

インスリンは膵臓のランゲルハンス島B細胞でシグナルペプチド（SP）をもつプレプロインスリンとして生合成され，小胞体でSPが切断されてプロインスリンになる。次いで，プロホルモン変換酵素が塩基性アミノ酸のジペプチド部位（RRとKR）を切断し，プロインスリンからインスリンとCペプチドに分割される（図10-4）。インスリンは21アミノ酸残基のA鎖と30アミノ酸残基（RRはカルボキシペプチダーゼが切断）のB鎖が3本のジスルフィド結合で結ばれた構造であり，B細胞に血液中のグルコース（血糖）が取り込まれると分泌される。インスリンは肝臓や筋肉等の細胞膜上のインスリン受容体を介してグルコースの取込みを促進し，血糖をグリコーゲンや中性脂肪として貯蔵する。

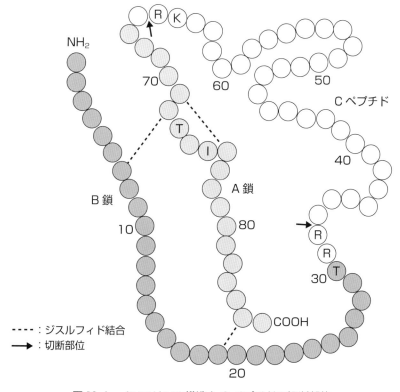

図 10-4 インスリンの構造とCペプチドの切断部位

（2）インスリン製剤の開発

糖尿病はインスリンの作用が低下することで起こる疾患であり，B細胞の破壊等によりインスリンを供給できない1型とインスリン分泌能の低下または組織におけるインスリン感受性の低下により起こる2型がある。このうち，1型はインスリンの投与が生涯にわたり必要となる。発見当時（1921年）から1980年頃までは，ウシまたはブタの膵臓から精製したインスリンが使用されていたが，効果が持続しないことから様々な工夫がなされ，ようやく1日1回の投与が可能となった。同時に，より高度な精製法も確立され，動物の臓器由来の夾雑たんぱく質が除かれた高純度の製剤が作られた。しかし，ヒトインスリンとウシ由来では3ヵ所，ブタ由来では1ヵ所のアミノ酸残基が異なっており（図10-5），アレルギーの原因となっていた。この問題を解決するために，1982年には，ブタインスリンB鎖の29番目のリジンと30番目のアラニンの間のペプチド結合をトリプシンで分解し，カルボキシル末端にトリプシンの逆合成反応を用いてトレオニンを付加した半合成ヒトインスリン製剤が開発された。さらに，1983年には，遺伝子組換え型のヒトインスリンの製造に成功した。これは，ヒトインスリンのA鎖とB鎖の各アミノ酸配列に相当する遺伝子をそれぞれ化学合成し，別々の大腸菌に導入してA鎖とB鎖のたんぱく質を発現後，精製したA鎖とB鎖のジスルフィド架橋を化学的に結合させたものである。21世紀に入り，ヒトインスリンA鎖の21番目のアスパラギンをグリシンに置換し，B鎖のカルボキシル末端のトレオニンの後にアルギニンを2残基付加した遺伝子組換え型のインスリン・グラルギン（商品名：ランタス）が開発された。この製剤は，24時間にわたりほぼ一定の血中濃度を保つことができる。

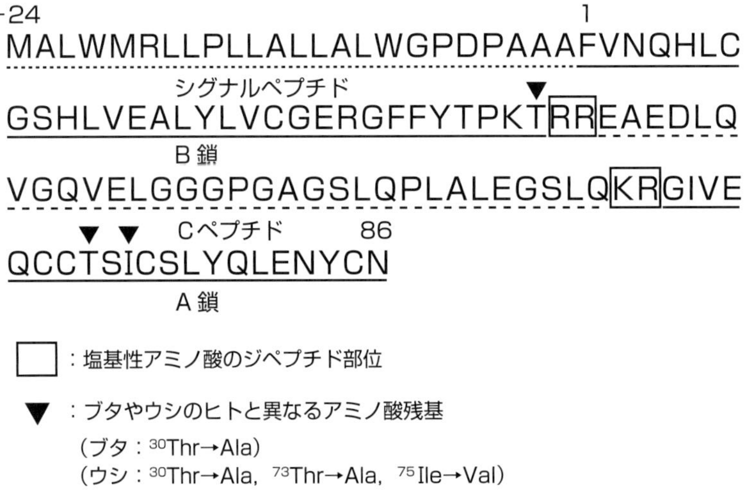

```
        -24                                        1
        MALWMRLLPLLALLALWGPDPAAAFVNQHLC
                   シグナルペプチド          ▼
        GSHLVEALYLVCGERGFFYTPKTRREAEDLQ
                       B鎖
        VGQVELGGGPGAGSLQPLALEGSLQKRGIVE
        ▼ ▼    Cペプチド      86
        QCCTSICSLYQLENYCN
                  A鎖
```

☐ ：塩基性アミノ酸のジペプチド部位

▼ ：ブタやウシのヒトと異なるアミノ酸残基
  （ブタ：^{30}Thr→Ala）
  （ウシ：^{30}Thr→Ala，^{73}Thr→Ala，^{75}Ile→Val）

図10-5　プロインスリンのアミノ酸配列

3. 血栓溶解剤

（1）血液凝固系と線溶系

血管や組織が損傷すると，血小板とトロンビンを中心とした血液凝固系によって止血と組織修復が行われる。やがて，血管が修復されると，血液の塊（血栓）が形成されないように，線溶系がフィブリン重合体（血餅）を分解する。これらは，先行するプロテアーゼがプロテアーゼ前駆体（不活性型）の一部分を限定分解（ポリペプチド鎖中の特定の部位を切断）し除去することで活性のあるプロテアーゼ（活性型）へと変換され，引き続いて，この活性型酵素が別の前駆体（不活性型）を分解するという連続した反応系，カスケード反応で行われる（図 10-6）。まず，損傷のシグナルが伝わって第 X 因子が活性化されると，第 Xa 因子（数字の右側の a は活性化されたことを示す）はプロトロンビン（前駆体）をトロンビン（活性型）に変換する。トロンビンは Ca^{2+} 存在下でフィブリノーゲン（前駆体）をフィブリン（活性型）に変換すると，第 XIIIa 因子がフィブリンを架橋結合し不溶性のフィブリン重合体を形成する。一方，線溶系は，プラスミノーゲン活性化因子（PA）がプラスミノーゲン（前駆体）をプラスミン（活性型）に変換することで始まる。プラスミンは，フィブリン重合体を分解して可溶性の分解物にする（図 10-6）。

（2）血栓溶解剤の開発

血管内皮細胞の傷害，血流の静止や乱れ，血液凝固能の亢進によって血栓が形成されると，梗塞（酸欠で細胞死）や虚血（血液がない状態）を生じることがある。このとき，プラスミノーゲンからプラスミンへの変換を促進する PA を投与すると，血栓を溶かすこと

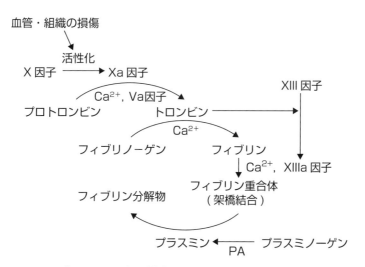

PA：プラスミノーゲン活性化因子，Va：活性化された第 V 因子

図 10-6　凝固と線溶のカスケード反応

ができるため，血栓溶解剤として利用できる。ストレプトキナーゼ（SK）はβ溶血性連鎖球菌が産生する酵素であり，プラスミノーゲンと結合してプロテアーゼ活性（プラスミノーゲンの分解）を発現する。しかし，ヒトの体内で抗SK抗体が産生されるため安定性が悪く，アレルギーも起こる。ウロキナーゼはヒトの尿中等から精製されているが，フィブリン特異性が低く出血傾向となるため，脳血栓等の治療に限定されている。組織プラスミノーゲン活性化因子（t-PA）はヒト内皮細胞から産生される酵素であり，アレルギーの心配はなく副作用も比較的少ない。現在，遺伝子組換え型のt-PAの生産が可能となり，脳梗塞（脳の血管に血栓が詰まり脳に障害が起こる疾患）の治療に用いられている。静脈内投与のため薬剤が全身に行きわたり，線維素溶解反応が起こると，脳出血のリスクが高まる。そのため，発症後できるだけ早期の投与（3時間以内）が望まれる。

4. 造血剤

（1）血球の種類と働き

血液は，血漿成分と血球成分からなり，生体内の各組織への酸素や栄養素等の運搬や生体防御に関わる。血漿成分の大部分は水分であり，たんぱく質や脂質等が含まれている。血球成分には赤血球，白血球，血小板があり，大部分を占める赤血球は，酸素を肺から体内の各組織に運搬する。白血球は顆粒球（好中球，好酸球，好塩基球），単球，樹状細胞，リンパ球からなり，生体防御を担っている。血小板は，血管損傷時の血栓形成に関わっている。これら血球は多能性造血幹細胞からサイトカイン（細胞間の情報伝達を行うたんぱく質）や造血増殖因子の刺激によって分化，増殖されるが，これら分化，増殖にかかわる因子には，1つの細胞に選択的に働くものといくつかの細胞に働くものがある。後者は臨床応用が可能であり，赤血球の分化，増殖に特異的に関わるエリスロポエチン（EPO）は，腎性貧血の治療薬として用いられている。

（2）エリスロポエチン製剤の開発

貧血は，赤血球数の減少または赤血球中のヘモグロビン濃度が減少することによって組織に供給される酸素が不足することで起こる。様々な原因があるが，腎不全による貧血は，EPO産生の低下による赤芽球の産生障害が原因である。EPOは，腎臓（胎児のときは肝臓）で産生されるアミノ酸165残基からなる糖たんぱく質であり，骨髄の赤芽球前駆細胞に作用して赤血球への分化と増殖を促進する。アミノ酸配列中に3ヵ所のN型糖鎖（アスパラギン結合型糖鎖）と1ヵ所のO型糖鎖（ムチン型糖鎖）があり，これらの糖鎖修飾がEPOの機能発現に重要である。EPOは，当初，ヒトの尿から精製されていたが，極めて微量のために精製が困難であった。1980年代に，ヒトEPOのcDNAがクローニングされて，遺伝子組換え型のEPOが開発された。大腸菌や酵母では糖鎖をたんぱく質

に付加できないため，チャイニーズハムスター卵巣細胞（CHO細胞）を用いて大量生産が行われている。

5. インターフェロン

（1）インターフェロンの種類と働き

インターフェロン（IFN）には，白血球（主に貪食細胞）が産生するα型，線維芽細胞等が産生するβ型，ウイルス感染に関係なくリンパ球が産生するγ型の3種類がある。IFNαとIFNβは同一染色体上に存在する類縁たんぱく質である。ウイルス感染細胞等が産生したIFNαやIFNβは隣接するウイルス非感染細胞に作用し，その細胞内にウイルスRNAやDNAの転写または複製を阻害する酵素を発現させ，感染してきたウイルスの増殖を阻止する。また，抗体産生の促進やナチュラルキラー（NK）細胞等の細胞傷害活性を増強する。一方，IFNγは別の染色体上に存在し，NK細胞，ヘルパーT細胞，細胞傷害性T細胞（キラーT細胞）等が産生する。抗ウイルス作用は強くないが，マクロファージ（異物を貪食し分解する白血球の一種）の機能を高める作用がある。

（2）インターフェロン製剤

IFNは抗ウイルス物質として発見されたが抗腫瘍作用や免疫増強作用があることから，ウイルス感染症だけでなく，がんの治療に用いられている。IFNαは約30種のサブタイプが知られており，糖鎖があるものとないものがある。IFNβは2つのサブタイプがあり，1aは糖鎖があり，1bは糖鎖がない。IFNγは糖たんぱく質である。IFN製剤には，天然型と遺伝子組換え型の2つのタイプがある。IFNαには，ヒトリンパ芽球細胞をセンダイウイルスで刺激して産生させたものやヒト由来のIFNα-2b遺伝子を大腸菌で産生されたものがある。IFNβには，線維芽細胞を二本鎖RNA等で刺激して産生させたものやヒト由来のIFNβ遺伝子をチャイニーズハムスター卵巣細胞で発現させたものがある。IFNγには，ヒト由来のIFNγ遺伝子を大腸菌で発現させたものがある。IFNαやIFNβは，ウイルス性のB型肝炎，C型肝炎，腎がん，慢性骨髄性白血病，多発性骨髄腫等の治療に，IFNγは腎がんや慢性肉芽腫症の治療にそれぞれ用いられている。IFNには多様な生理機能があるが，治療薬としての作用機序はよくわかっていない。

6. モノクローナル抗体

（1）抗原と抗体

抗原には，通常ヒトが産生していないたんぱく質，ペプチド，多糖類，核酸，薬剤等がある。これらが単独あるいは生体内のたんぱく質と結合して免疫応答が起こる。免疫応答

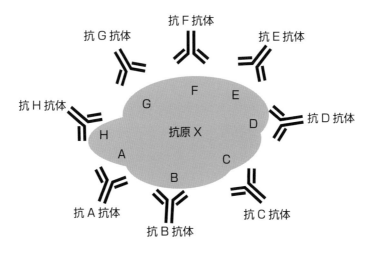

A〜Hは抗原Xのエピトープ
図10-7 抗原とエピトープの関係

には，生まれながらに備わっている自然免疫と生後に獲得する獲得免疫（適応免疫）がある。抗体は獲得免疫のうちの体液性免疫における液性因子で，抗原を排除する糖たんぱく質である（抗体には，M，G，A，E，Dのタイプがあるが，本章ではGを示す）。

抗体は抗原と1対1で結合するのではなく，抗原上にあるエピトープ（抗原決定基）を認識し結合する。抗原の多くは高分子であるため，その表面には異なる微細構造をもつエピトープがいくつも存在する。したがって，ヒトの体内に侵入した異物を抗原と認識すると，抗原上にあるエピトープの数だけ抗体が作られる（図10-7）。いずれの抗体も抗原X上の異なる構造のエピトープ（A〜H）を認識するが，1種類の抗原Xと結合するため，これら抗体群を抗原Xに対する抗X抗体（ポリクローナル抗体）と呼ぶ。抗体は免疫グロブリンとも呼ばれ，2本の同一のH鎖（重鎖）と2本の同一のL鎖（軽鎖）からなるY字形の構造を持つ（図10-8）。エピトープと結合する抗原結合部位（エピトープと相補的な構造をもつ）は抗体1分子に2ヵ所あり，それぞれH鎖とL鎖からなる。この部位を形成するH鎖またはL鎖の可変部は，抗体ごとにアミノ酸配列が大きく変化している。さらに，これらの可変部のなかで，エピトープと直接結合する最も変化の大きい部位を超可変領域（3ヵ所）と呼ぶ。可変部をコードする遺伝子は10^{13}以上の多様性があり，膨大な種類のエピトープに対応できる。一方，定常部は，どの抗体もほぼ同じアミノ酸配列を持っている。抗体はB細胞（骨髄由来のリンパ球）が産生し，ひとつのB細胞が産生する抗体は1種類である。したがって，8種類のエピトープを持つ抗原を異物と認識すると，8種類のB細胞がそれぞれ異なる8種類の抗体を産生する。

（2）モノクローナル抗体の作製

ある抗原で免疫したマウスの脾臓からB細胞を採取し，これとマウスのミエローマ細

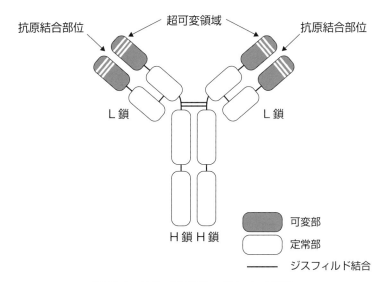

図10-8 抗体（免疫グロブリン）の構造

胞（骨髄腫細胞）とをポリエチレングリコール（PEG）またはセンダイウイルスを用いて融合する．B細胞は抗原特異的な抗体を産生できるが，寿命が短いという欠点がある．一方，ミエローマ細胞は無限の増殖能を持つが抗体産生能はない．したがって両方を融合させたハイブリドーマは，あるエピトープのみを特異的に認識する単一の抗体（モノクローナル抗体）を無制限に産生できることになる．ハイブリドーマの作製には二つの工夫がなされている．一つは，ミエローマ細胞がサルベージ経路（核酸合成の再利用経路，図10-9）に必須の酵素（ヒポキサンチン-グアニン・ホスホリボシルトランスフェラーゼ，HGPRT）遺伝子を欠損していることである．もう一つは，HAT（ヒポキサンチン，アミノプテリン，チミジン）培地をハイブリドーマの選択培地に使用することである．HAT培地のアミノプテリンはジヒドロ葉酸還元酵素を阻害する抗がん剤であり，プリン塩基の合成にかかわる de novo 経路（図10-9）を遮断する．B細胞とミエローマ細胞をPEGで融合させると，ハイブリドーマ，B細胞（B細胞同士の融合株を含む）及びミエローマ細胞（ミエローマ細胞同士の融合株を含む）が混在する．この細胞浮遊液をHAT培地で培養すると，B細胞は de novo 経路とサルベージ経路を持つが，寿命が短いため培養中に死滅する．ミエローマ細胞はHGPRTを欠損しており，サルベージ経路のヒポキサンチンを利用できずに死滅する（図10-9）．ハイブリドーマが生き残るが，様々なエピトープを認識する抗体を産生する細胞が数多く存在する．この中から目的とするエピトープのみを認識する抗体（モノクローナル抗体）を産生するハイブリドーマを選抜する．まず，HAT培地の培養液を希釈し，96穴のマイクロプレートに分配する．次に，目的の抗体を産生する細胞が含まれる穴の細胞群を選んで培養し，同様に96穴のマイクロプレートに分配する．この操作を繰り返すと，やがて1つの穴に目的のエピトープを認識する1種類のハイブリドーマが入るようになる（限界希釈法）．

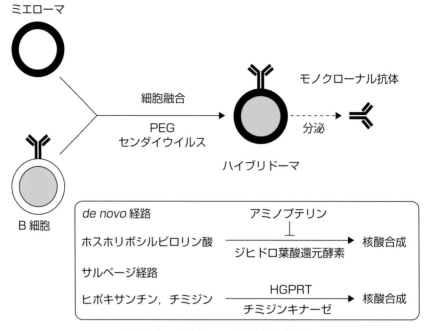

図 10-9　モノクローナル抗体の作製

(3) モノクローナル抗体の利用

　モノクローナル抗体は，様々な分野で利用されている。エンザイムイムノアッセイ（酵素が結合した抗原や抗体を用いてそれらに相補的な抗体や抗原の濃度を定量する）では微量物質の高感度検出が可能であり，インフルエンザウイルスの型（A型，B型，C型）の検出，がんやリウマチの診断マーカー等の臨床検査用試薬として汎用されている。また，細胞内の目的たんぱく質を蛍光色素が結合した抗体で染色し，蛍光顕微鏡で細胞内の挙動を検出することができる。医薬品の分野では，高い特異性を活かした抗体医薬（分子標的薬）として抗がん剤（トラスツズマブ，ベバシズマブ，リツキシマブ）やリウマチ治療薬（アダリムマブ，インフリキシマブ，トシリズマブ）等が開発されている。これらはバイオ医薬品とも呼ばれ，世界の医薬品売り上げの上位を占めている。医療用のモノクローナル抗体には，マウス抗体，キメラ抗体，ヒト化抗体，ヒト型抗体がある（図10-10）。通

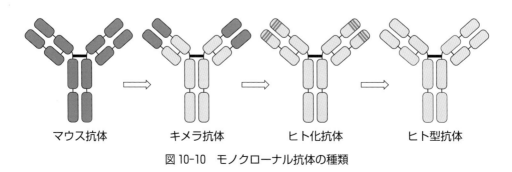

図 10-10　モノクローナル抗体の種類

常，ヒト由来のたんぱく質はヒトでは抗原として認識されない。そのため，ヒトのたんぱく質に対する抗体はマウス等の異種動物で作ることになる。しかし，マウス由来のモノクローナル抗体（マウス抗体）をヒトに繰り返し投与すると，マウス抗体に対するヒトの抗体が産生されアレルギーが起こる。そこで，遺伝子工学的手法を用いて低抗原化の改良が加えられた。キメラ抗体は，マウス抗体の可変部とヒト抗体の定常部を遺伝子レベルで結合し，動物細胞で発現させたものである。次に，マウス抗体の超可変領域のみを残して，他をヒト抗体にしたヒト化抗体が作られた。さらに，わずかに残る抗原性を除去するために，糖鎖構造以外はヒト由来のヒト型抗体が開発された。これは，ヒトの免疫グロブリンを産生する遺伝子組換えマウスを作製し，それに抗原を感作することで得られる。

7. 新しいがん治療

（1）がんの発症と治療

がんは，正常細胞が遺伝子の突然変異により無秩序に増殖し，周囲の組織に浸潤，転移することで正常細胞の機能に影響を与える疾患である。通常，遺伝子に異常が生じた細胞は異物として免疫系で除去されるが，ときにこの監視システムをすり抜けることがある。すり抜けた細胞は急激に増殖し生命を脅かすため，がんの治療には早期発見，早期治療が重要となる。がん治療には外科的療法，放射線療法，薬物療法があり，いずれも技術革新が進んでいる。外科的療法では，腹腔鏡や内視鏡を用いた低侵襲治療，放射線療法では，がん病巣のみに照射できる定位放射線治療や強度放射線治療等が開発されており，患者の負担が軽減されている。また，薬物療法では，これまでの代謝拮抗薬（ヌクレオチド合成を阻害），トポイソメラーゼ阻害薬，ブレオマイシン，微小管作用薬，アルキル化剤，プラチナ製剤のようながん細胞の異常な増殖を標的とする薬（正常細胞も増殖するので同様に攻撃を受けるため副作用が強い）から，がん細胞に特異的な分子を標的とする分子標的薬へと抗がん剤の特異性が重要視されてきている。

（2）分子標的薬療法

近年，がん細胞の増殖や転移の分子メカニズムが明らかになり，それぞれの段階で働くシグナル伝達機構とそれに関わる機能分子が同定されている。がん細胞に特異的あるいは過剰に発現している分子を特異的に攻撃すると，副作用が少なく，がん細胞の増殖を抑制し，転移を遅らせることが可能になる。このような考え方でつくられた分子標的薬には，低分子医薬と抗体医薬の2つがある。がん細胞はチロシンキナーゼ（TK）を経由して増殖シグナルを細胞内に伝達する。上皮細胞増殖因子（EGF）の受容体は，細胞膜貫通型であり，細胞内にTKドメインを持つ。リガンド（ある受容体と特異的に結合する物質）がEGF受容体に結合すると，TKが活性化されて細胞内ドメインのチロシン残基の自己

第 10 章 医療とバイオテクノロジー

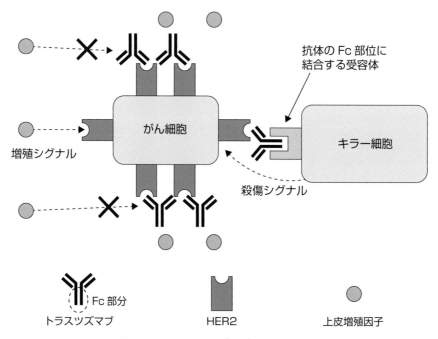

図 10-11　トラスツズマブの抗がん作用

リン酸化（TK が自分自身をリン酸化すること）が起こる。このシグナルから細胞内のキナーゼ群の活性化が連動し，腫瘍細胞が増殖する。ゲフィニチブ（商品名：イレッサ）は，EGF 受容体の細胞内 TK ドメインに結合し，TK 活性を阻害することでがん細胞の増殖を抑制する。非小細胞肺がんの治療に用いられるが，間質性肺炎（肺胞以外の部分に起こる原因不明の炎症）の副作用がある。また，ゲフィニチブは変異型 EGF 受容体に強く結合する特徴がある。この変異はアジア人に多く見られるため，欧米人に比べて抗がん効果が強くなり，同時に間質性肺炎の発症率も高くなる。低分子医薬では，このような人種による効果や副作用の違いが見られることがある。一方，抗体医薬は，がん細胞の表面抗原を特異的に認識するモノクローナル抗体（p. 141～145 を参照）である。ヒト上皮増殖因子受容体 2 型（HER2，細胞増殖のシグナルを細胞内に伝達するたんぱく質）は，ある種の乳がん患者で過剰発現していることが知られている。トラスツズマブ（商品名：ハーセプチン）は HER2 に特異的に結合するモノクローナル抗体であり，HER2 のリガンド結合部位に覆いかぶさることにより，上皮増殖因子によるシグナルを遮断し，細胞増殖を抑制する。また，抗体が結合したがん細胞は，キラー細胞の抗体依存性細胞傷害により殺傷される（図 10-11）。ベバシズマブ（商品名：アバスチン）は，血管の分岐，伸長に関わるヒト血管内皮増殖因子（VEGF）を特異的に認識するモノクローナル抗体である。がん細胞は自らの栄養補給のために，血管を作る（血管新生）ことが知られており，VEGF に結合してその働きを阻害すると，血管新生が抑制されてがん細胞に栄養が行き渡らず（兵糧攻め），がん細胞が死滅する。大腸がんの治療に用いられている。

(3) 免疫細胞療法

　免疫細胞療法は，がん患者から採取したT細胞（ヘルパーT細胞と細胞傷害性T細胞）を，抗CD3抗体，がん細胞，インターロイキン2（IL-2）を加えて人工培養し，T細胞の活性化と増殖を行った後に患者の体内に戻す方法である。一方，NK細胞はT細胞やB細胞に属さない大型のリンパ球であり，がん細胞を攻撃することが知られている。がん患者から採取したNK細胞をIL-2と共に培養し，抗がん活性を高めたNK細胞を得ることができる。これらは難治がんや進行がんの再発防止や転移の抑制等に効果がある。

(4) がんワクチン療法

　がんワクチン療法には，樹状細胞ワクチン療法とペプチドワクチン療法がある。樹状細胞はがん細胞を直接殺傷できないが，がん細胞を殺傷できるリンパ球にがん細胞の目印を提示することができる。樹状細胞ワクチン療法は，患者のがん細胞の抽出液（がん抗原）を患者から採取した樹状細胞に取り込ませて，がん抗原を異物と認識できる樹状細胞（ヘルパーT細胞を活性化）を作成後，それを患者に戻す方法である。一方，ペプチドワクチン療法は，がん細胞で特異的または高発現している抗原ペプチドを人工合成し，それをがん患者に直接投与するものである。いずれも，がん抗原が樹状細胞を刺激し，がん細胞に対するリンパ球の傷害能が増強されることになる。抗原ペプチドには，がん胎児性抗原（胎児や大腸がんの大腸粘膜に存在する糖たんぱく質）や糖鎖異常ムチン（がん細胞の表面に存在する異常な糖鎖のたんぱく質）等がある。

8. 遺伝子診断

(1) ヒトゲノムの特徴と個体差

　ヒトゲノムDNAは約32億塩基対で構成されており，23対46本の染色体に分かれて存在する。このなかにたんぱく質をコードする遺伝子は22,000以上あるが，ゲノムの大部分はある塩基配列が繰り返し存在する反復配列（サテライトDNA）等の非コード領域（たんぱく質をコードしない）で占められている。この塩基配列中には個人差が見られる遺伝マーカー（遺伝子多型，マイクロサテライトDNA，一塩基多型）が存在する。疾患と関連する遺伝子や遺伝マーカーの塩基配列の変化を調べることにより，疾患や体質（薬剤の効き具合や副作用の強弱）の診断，親子鑑定，出生前診断，疾患発症の予測が行える。フェニルケトン尿症（フェニルアラニンの異常貯留による知的障害）やハンチントン舞踏病（神経細胞の脱落・変性による運動障害）は，特定の遺伝子の異常により生じるため，遺伝子解析から確実な診断が可能であるが，生活習慣病のような多数の遺伝子と環境要因が発症に関与する場合は次の確率的な発症リスクとして示される。

　① 同一生物種の遺伝子の塩基配列に変異があること，② 数塩基単位の繰り返し配列の

長さ，③ ゲノム DNA の塩基配列中にある一塩基に変異があること．

(2) 遺伝子と染色体の検査

　遺伝子変異や染色体異常に起因する遺伝性疾患は，塩基配列や染色体数を調べることにより病気の発症を予想できる．がんは 2013（平成 25）年度の死亡者の死因別のトップである．がんは早期発見，早期治療により 5 年間生存率が向上するので，がん発症のリスクがわかれば，健康な人ががん検診を定期的に受診し早期発見に繋がる．例えば採血した白血球から DNA を取り出して塩基配列を解析し，BRCA1 や BRCA2 遺伝子に有害な変異があると乳がんや卵巣がんの発症リスクが高いことがわかる．最近では，唾液や口腔粘膜組織から生活習慣病を含む疾患の発症リスクや体質等を調べることができるが，解析会社ごとに判定基準が異なるためデータの解釈には注意を要する．また，以前から，妊婦を対象にした着床前または出生前の胎児の染色体検査や遺伝子検査が行われてきた．着床前診断は染色体異常による流産の回避，出生前診断は胎児の健康状態を知ることが目的である．出生前診断には，羊水穿刺，胎盤絨毛検査，胎児採血，母体血中の胎児由来細胞の検査，母体血清マーカー検査等があり，ダウン症（トリソミー）等の染色体異常や神経管閉鎖不全症（脳や脊髄の発達障害）等の遺伝子変異を調べることができる．

参考文献・資料

井上圭三監修，岩坪 威・上田志朗・工藤一郎・山元俊憲編：医療薬学Ⅱ 病態と薬物治療（2）—消化器・呼吸器・血液・泌尿器—，東京化学同人，2000．

井上圭三監修，西島正弘・山元俊憲編：医療薬学Ⅲ 病態と薬物治療（3）—免疫・がん・感染症—，東京化学同人，2000．

上野芳夫・大村 智監修，田中晴雄・土屋友房編：微生物薬品化学（改訂第 4 版），南江堂，2003．

河北 誠・宮家隆次「エリスロポエチン物語—純化の歩みと遺伝子クローニングへの道のり—」，臨床血液，54 巻 10 号，2013，pp. 1615-1624．

公益財団法人がん研究会監修：がん研が作ったがんが分かる本 第 2 版，2015 年版，2015．

豊島 聰・田坂捷雄・尾崎承一：医学・薬学のための免疫学 第 2 版，東京化学同人，2008．

野島 博：医薬 分子生物学 改訂第 2 版，南江堂，2009．

バイオサイエンス研究会編：バイオサイエンス，オーム社，2009．

ファルマシアレビュー編集委員会編：薬の発明 そのたどった途，日本薬学会，1986

矢田純一：医系免疫学 改訂 11 版，中外医学社，2009．

矢野晴美：絶対わかる抗菌薬 はじめの一歩，羊土社，2010．

A. L. デフランコら，笹月健彦監訳：免疫 感染症と炎症性疾患における免疫応答，メディカル・サイエンス・インターナショナル，2009．

D. E. ゴーラン・A. H. タシジアン編，清野 裕監修：病態生理に基づく臨床薬理学，メディカル・サイエンス・インターナショナル，2006．

P. ウッド，山本一夫訳：免疫学 巧妙なしくみを解き明かす，東京化学同人，2010．

第11章

再生医療とバイオテクノロジー技術

ポイント　再生医療とは，幹細胞を用いてケガや病気で損傷を受けた生体機能を復元する最先端の医療技術である。現在，iPS細胞や幹細胞を用いた再生医療は，従来の臓器移植法が抱えていたドナー不足の問題や根本的な治療が困難な疾患を克服できる可能性を秘めた革新的な治療法として脚光を浴びている。

1. 幹細胞とは

　幹細胞とは，自分と全く同じ細胞を作る"自己複製能"と，別の種類の細胞を作る"分化能"を持つ細胞であり，発生における細胞系譜の"幹"となることに由来する。血液や皮膚のように寿命が短い細胞が一生の間枯渇しないのは，幹細胞が失われた細胞を常に作り続けているためである。

　幹細胞は，体性幹細胞（成体幹細胞，組織幹細胞とも呼ばれる）と多能性幹細胞に大別される（図11-1）。体性幹細胞は，特定の臓器や組織で失われた細胞を作り続ける幹細胞で，造血幹細胞なら血液系の細胞，神経幹細胞なら神経系の細胞というように，分化能が限定されている。一方，多能性幹細胞は初期胚から樹立された胚性幹細胞（embryonic stem cell；ES細胞）や後述する誘導多能性幹細胞（induced pluripotent stem cell；iPS細胞）のように，体を構成する全ての細胞への分化能を有した幹細胞である。また，幹細胞は胎児の血液にも含まれており，出産後の臍帯（へその緒）から採取できる。この幹細胞は，臍帯血幹細胞と呼ばれ，免疫系が未熟なため，移植の際に拒絶反応が起きにくく，白血病の治療等に使われている。

2. iPS細胞の誕生

　1981年にエバンスとマーティンは，マウスの初期胚からES細胞が樹立され，マウスの遺伝子改変を可能にする画期的な細胞として注目を浴びた（図11-2）[1]。1998年にはトムソンらにより，ヒトのES細胞が樹立され，事故や疾患により失われた身体機能をES細胞から分化させた細胞を用いて回復させる"再生医療"の実現が期待された[2]。しかし，ヒトES細胞は生命の萌芽である初期胚を破壊して樹立した細胞であり，倫理的な問題が指摘されていた。また，既に樹立されたES細胞を用いた移植治療では，移植後に免疫拒

第 11 章 再生医療とバイオテクノロジー技術

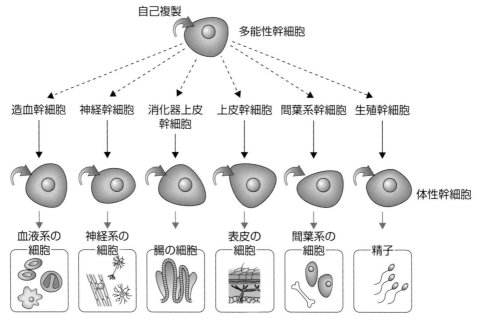

図 11-1 多能性幹細胞と体性幹細胞

多能性幹細胞は，自己複製する能力と体性幹細胞を含む全ての細胞に分化できる能力を持っている。これに対して，体性幹細胞は自己複製する能力は持っているが，多能性幹細胞と比較すると分化能は限定されている。

出典 http://www.skip.med.keio.ac.jp/knowledge/basic/01/

絶反応が起こるという再生医療実現に向けて重要な課題が残されていた。2013 年には，ヒトの核移植 ES 細胞が樹立され，免疫拒絶反応の問題は克服できたが，核移植 ES 細胞の作製にも初期胚を用いる必要があり，依然として倫理的な問題が残されている（図 11-2）[3]。

1997 年に体細胞クローン羊のドリーが作製されたことにより，哺乳類でも体細胞の核を卵子に移植すると初期化されて受精卵と同じような状態に戻ることが明らかにされた。そこで，多くの研究者は，クローン胚で起こる初期化のメカニズムを解明することができれば，体細胞を人為的に受精卵のような状態に戻せるのではないかと考えた。一方，山中は，1986 年にワイントローブらが発表した「たった 1 個の遺伝子を細胞に導入することにより，細胞の運命を変換できる」という論文[4]をヒントに，ES 細胞で働く遺伝子を細胞に導入することで，体細胞の運命を変換し，ES 細胞のような細胞が得られるのではないかと考えた。最終的に，ES 細胞で働く可能性が高い 24 個の候補遺伝子から，たった 4 個の遺伝子（*Oct3/4*, *Sox2*, *Klf4*, *c-Myc*）を体細胞で働かせることにより，ES 細胞のように変化させることができることを発見した（図 11-2）。そして，2006 年に ES 細胞が抱える免疫拒絶反応と倫理的な問題を一挙に解決する画期的な細胞として，"iPS 細胞"が誕生した[5]。

3. これからの再生医療

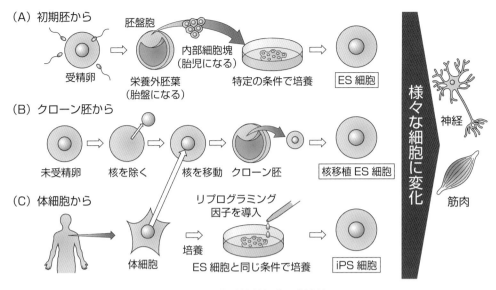

図11-2　多能性幹細胞の樹立法

(A) ES細胞：胚盤胞の将来胎児を形成する内部細胞塊という部分を取り出し，増殖因子の存在下で培養する。
(B) 核移植ES細胞：除核した未受精卵に体細胞の核を移植し，胚盤胞期まで発生させ，内部細胞塊からES細胞を樹立する。
(C) iPS細胞：体細胞にリプログラミング因子を導入し，ES細胞と同じ条件で培養する。

出典　http://www.skip.med.keio.ac.jp/knowledge/basic/06/

3. これからの再生医療

　再生医療とは，幹細胞から特定の細胞，組織，臓器を人為的に作製し，ケガや病気の治療に使う医療であり，その実現に向けて様々な研究が行われている。現在，日本ではiPS細胞を利用して眼疾患，パーキンソン病，脊髄損傷，糖尿病，血液疾患，心疾患等の再生医療の研究が進められている。

　iPS細胞を用いた再生医療は，これまで根本的な治療法がなかった疾患に対して非常に有効である。一方で，iPS細胞を作製するまでに数ヵ月かかり，目的の細胞へと分化させるまでにさらに数ヵ月を要する等の課題も残されている。例えば，脊髄損傷の治療には神経幹細胞が用いられているが，iPS細胞を作製し，治療に必要な神経幹細胞を得るまでに，約半年の準備期間が必要となる。しかし，脊髄損傷の治療では，30日以内に神経幹細胞を移植する必要があり，あらかじめiPS細胞を準備しておく以外，実際に治療に用いることはできない。そこで，数年前から京都大学iPS研究所では，免疫拒絶反応が少ないiPS細胞を作製してストックするという試みがなされている。

　最近の研究から，体細胞に細胞の分化に重要な転写因子群を遺伝子導入することにより，多能性幹細胞であるiPS細胞だけではなく，心筋細胞，神経細胞，肝細胞等の様々な

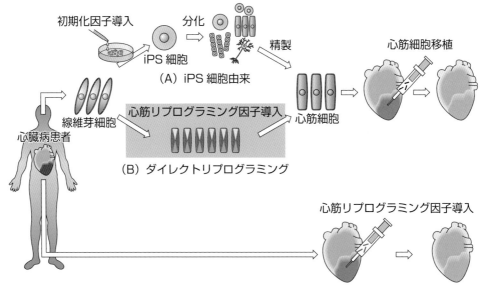

図 11-3　iPS 細胞とダイレクトリプログラミングを用いた心臓の再生
（A）　心臓病患者の線維芽細胞から iPS 細胞を樹立し，心筋細胞に分化誘導後に，心臓に移植する。
（B）　心臓病患者の線維芽細胞に心筋リプログラミング因子を導入し，得られた心筋細胞を心臓に移植する。
（C）　心筋リプログラミング因子を患部に導入して，生体内で心臓に存在する線維芽細胞を心筋に転換する。
　出典　http://www.skip.med.keio.ac.jp/knowledge/basic/direct/

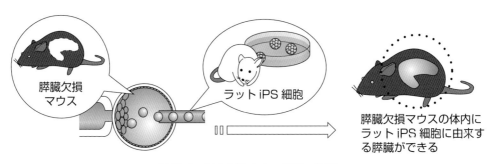

図 11-4　iPS 細胞由来の臓器の作製
　膵臓を欠損するマウスの胚盤胞にラット iPS 細胞を移植し，マウスの体内にラットの膵臓を作製する。同様の方法で，ブタの体内にヒトの臓器を作製するプロジェクトが進行している。
　出典　http://www.jst.go.jp/pr/announce/20100903/

細胞を直接誘導できることが明らかにされている[6]。このような，体細胞から多能性幹細胞を経ずに直接分化細胞を誘導する方法は，ダイレクトリプログラミングと呼ばれ，再生医療の研究に新たな展開をもたらしている。現在は，生体内でダイレクトリプログラミングを誘導する技術の開発も行われている。例えば，心臓の中に存在する線維芽細胞を体内

で心筋に転換することにより，衰えた心臓の機能を回復させる研究が行われている（図11-3）[7]。

さらに，臓器不全の治療には主に人工臓器や臓器移植が用いられており，患者自身の細胞から移植可能な臓器を作製することが再生医療の重要な目標の一つとなっている。2010年には，iPS細胞を用いてマウスの体内にラットの膵臓が作製された（図11-4）[8]。この膵臓は，インスリンを分泌する等，臓器として正常に機能していた。現在は，ブタ等の大型動物の体内でヒトの臓器を再生することを目標に研究が進められている。

コラム　iPS細胞を用いた主な臨床研究スケジュール

2014年夏にiPS細胞から作製した網膜上皮細胞を用いて滲出型加齢黄斑変性を対象とした臨床研究が開始され，今後もiPS細胞から作製した様々な細胞を用いて，根本的な治療が困難な疾患を対象とした臨床研究が計画されている。20世紀に低分子化合物が薬物療法として確立されたのと同じように，幹細胞を用いた再生医療が一般的な治療法となることが期待されている。

作製する細胞	機関	対象疾患	臨床研究の開始時期
網膜色素上皮細胞	理化学研究所など	加齢黄斑変性	2014年
ドーパミン産生神経細胞	京都大学	パーキンソン病	2016-2017年
心筋	大阪大学	心筋梗塞	2016-2017年
神経幹細胞	慶応義塾大学	脊髄損傷	2017-2018年
角膜	大阪大学	角膜損傷	2018-2020年
骨・軟骨	京都大学	軟骨損傷	2019-2020年
血小板	未定	血小板減少症	2016-2017年
肝細胞	未定	肝硬変	2020年以降
造血幹細胞	未定	白血病	2020年以降
腎臓細胞	未定	腎臓病	2023年以降

引用文献・資料

1) Evans M. J., Kaufman M. H.「Establishment in culture of pluripotential cells from mouse embryos」, *Nature*, **292**(5819), 1981, pp. 154-156.

2) Thomson J. A., Itskovitz-Eldor J. & Shapiro S. S., et al.「Embryonic stem cell lines derived from human blastocysts」, *Science*, **282**(5319), 1998, pp. 1145-1147.

3) Tachibana M., Amato P. & Sparman M., et al.「Human embryonic stem cells derived by somatic cell nuclear transfer」, *Cell*, **153**(6), 2013, pp. 1228-1238.

4) Lassar A. B., Paterson B. M. & Weintraub H.「Transfection of a DNA locus that medi-

ates the conversion of 10T1/2 fibroblasts to myoblasts」, *Cell*, **47**(5), 1986, pp. 649-656.

5) Takahashi K. & Yamanaka S. 「Induction of pluripotent stem cells from mouse embryonic and adult fibroblast cultures by defined factors」, *Cell*, **126**(4), 2006, pp. 663-676.

6) Xu J., Du Y. & Deng H. 「Direct lineage reprogramming : strategies, mechanisms, and applications」, *Cell Stem Cell*, **16**(2), 2015, pp. 119-134.

7) Ieda M., Fu J. D. & Delgado-Olguin P., et al. 「Direct reprogramming of fibroblasts into functional cardiomyocytes by defined factors」, *Cell*, **142**(3), 2010, pp. 375-386.

8) Kobayashi T., Yamaguchi T. & Hamanaka S., et al. 「Generation of rat pancreas in mouse by interspecific blastocyst injection of pluripotent stem cells」, *Cell*, **142**(5), 2010, pp. 787-799.

索　引

英字

Bt たんぱく質·················86
cDNA·····················54
Cre/loxP システム············92
CRISPR/Cas················58
CRISPR/Cas9············85, 94
de novo 経路················143
DNA······················47
DNA シャッフリング···········37
DNA シーケンス··············56
dsRNA···················100
ES 細胞····················92
gene······················5
GFP 遺伝子·················60
iPS 細胞················68, 149
MRSA····················133
NK 細胞···················141
O-157 菌··················130
PCR···················35, 55
PCR 法···················132
PEG·····················143
RNA 干渉··············94, 100
RNAi····················101
RNAi 法···················85
RT-PCR···················56
SCP······················12
siRNA····················101
t-ゼアチン·················74
TALEN················85, 94
T-DNA····················80
Ti プラスミド···············80
t-PA·····················140
Vibrio fischeri··············109

あ

青いバラ··················62
アセト乳酸合成酵素···········88
アナログ··················26
α-アミラーゼ···············43
アルファ（α）線············83
アンチセンス RNA············85

い

イオンビーム···············83
育種改良··················34

1

1 塩基多型·················49
一次機能··················117
遺伝現象···················4
遺伝子··················5, 47
遺伝子組換え技術··········91, 98
遺伝子欠損動物··············92
遺伝子操作··················6
遺伝子導入動物··············92
遺伝子編集技術··············94
遺伝子マッピング············83
遺伝性疾患·················148
遺伝マーカー···············147
イムノアッセイ·············128
インスリン················137
インスリン・グラルギン······138
インターフェロン···········141
インターロイキン 2·········147
インドール酢酸··············74
イントロン·················49

う

ウィルスフリー··············71
ウロキナーゼ···············140

え

栄養機能食品··········119, 124
栄養要求変異株··············25
エームス試験···············130
液化アミラーゼ··············43
エキソン···················49
エストロゲン様物質··········110
エチルメタンスルホン酸······82
エネルギー交換··············3
エピジェネティック制御······50
エピトープ················142
エリスロポエチン···········140
エレクトロポレーション
······················59, 79
エンザイムイムノアッセイ
·························144

お

オーキシン··············68, 74
オーダーメイド医療··········49
オプトジェネティクス········61
オレイン酸·················89

か

カード····················22
外皮たんぱく質··············86
化学構造類似物質············27
化学的酸素要求量···········105
鍵と鍵穴説·················30
架橋法····················41
隔　壁·····················9
仮　根····················10
仮性菌糸··················11
活性汚泥法················105
活性中心··················30
カナマイシン··············136
花粉原細胞·················71
下面発酵酵母···············19
火落菌····················14
カルボキシペプチダーゼ·····137
がん·····················145
桿　菌····················12
幹細胞···················149
ガンマ（γ）線··············83

き

偽菌糸·····················11
基質特異性·················30
樹状細胞··················147
規　制·····················7
寄生性菌···················11
気中菌糸··················10
機能性食品················118
機能性表示食品·············124
キノロン薬················136
球　菌····················12
狭義のバイオテクノロジー····7
菌　糸·····················9

く

組換え DNA··················6
グラム陰性菌················12
グラム陽性菌················12
クリック···················5
グリホサート···············87
グルコアミラーゼ············44
グルコースイソメラーゼ······45
クローニング···············51

155

索 引

クローン　51
クローン植物　67
クロマチン　50
クロラムフェニコール　136

け
形質転換　57
茎頂分化　68
結合水　17
血小板　139
ゲノム　47
ゲノム編集　58, 85
ゲノムライブラリー　54
ゲフィニチブ　146
原核性生物　4
嫌気性菌　16
健康食品　125
検索　28
減数分裂　71
元　素　2

こ
好気性菌　16
抗菌物質　18
抗　原　141
抗原決定基　142
光合成　67
梗　子　9
麹　19
恒常的保持　3
抗生物質　18
抗　体　142
抗体医薬　144
コーデックス委員会　127
コスミド　53
固定化　40
コドン　38
個別評価型病者用食品　121
コルヒチン　71, 73
昆虫食害抵抗性作物　128
根頭がん腫病　22

さ
最終産物制御　25
再生医療　149
最適反応温度　30
サイトカイニン　68, 74
再分化培地　76
細胞表層工学　41

細胞融合　6, 76
雑種強勢　72
サプリメント　125
サルベージ経路　143
三次機能　117

し
自家受粉　77
シキミ酸経路　87
シグナルペプチド　137
シクロデキストリン　44
自己複製　3
子実体　11
子房体　72
自由水　17
従属栄養菌　18
雌雄の産み分け　98
シュガープラットフォーム　114
受精卵移植　97
受精卵クローン　98
出　芽　11
酒　母　19
上　槽　19
上面発酵酵母　19
食事療法　122
植物ホルモン　68
除草剤　87
除草剤耐性作物　128
真核生物　4
人工授精　97
人工臓器　153

す
水　産　99
水分活性　17
スクリーニング　28
ストレプトキナーゼ　140
ストレプトマイシン　136
スプライシング　49

せ
制限酵素　6, 52
生物化学的酸素要求量　105
生物学的脱窒素処理法　107
生物機能　1
生物工学　1
ゼブラフィッシュ　98
セルフクローニング　65

セルラーゼ　78
遷移状態　31
前駆体添加法　27
洗剤用酵素　45
センシング　127
選択マーカー　54

そ
臓器移植　153
相同遺伝子組換え　92
相同組換え　60
創　薬　99
阻害剤　31
組織培養　68
組織プラスミノーゲン活性化因子　140

た
第一世代バイオ　8
ダイオキシン類　110
体外受精　97
第五世代バイオ　8
体細胞クローン　98
第三世代バイオ　8
代謝制御発酵　25
体性幹細胞　150
第二世代バイオ　8
第四世代バイオ　8
ダイレクトリプログラミング　152
脱分化　74
多能性幹細胞　150
タバコモザイクウィルス　86
担体結合法　40

ち
チャネルロドプシン　61
中性子線　83
腸管出血性大腸菌　131
頂のう　9
チロシンキナーゼ　145

つ・て
通性嫌気性菌　16
低アレルゲン食品　121
低たんぱく食品　121
テトラサイクリン　136
でん粉分解酵素　43

と

特定保健用食品 119, 124
特別の用途に適する旨の表示 120
特別用途食品 120
トクホ 119, 124
独立栄養菌 19
突然変異 34, 82
突然変異誘発剤 82
トラスツズマブ 144, 146
トランスグルコシダーゼ 44
トロンビン 139

な・に・ぬ

ナチュラルキラー細胞 141
7-アミノセファロスポリン酸 134
ナフタレン酢酸 74
二次機能 117
乳清 23
ヌクレオソーム 50

は

パーティクルガン 77
バイオエタノール 111
バイオオーグメンテーション 107
バイオスティミュレーション 107
バイオディーゼル 113
バイオプラスチック 114
バイオマス 111
バイオモニタリング 109
バイオレメディエーション 107
胚珠 72
培地 18
ハイブリドーマ 143
バクテリオファージ 15
ハビタブルゾーン 3
半合成ヒトインスリン製剤 138
半合成ペニシリン 133
バンコマイシン 136

ひ

ヒト型抗体 145
ヒトゲノム研究計画 50
ヒト疾患モデルマウス 95
ヒト病態モデルマウス 95
日持ちの良いトマト 64
病原菌関連たんぱく質 86
病者用食品 121

ふ

ファージ 53
フィアライド 9
部位特異的DNA切断酵素 58
部位特異的変異導入法 35
フィブリン 139
不完全菌 9
腐生性菌 11
不定胚 76
プライマー 55
フラジェリン 86
プラスミド 52, 53
プラスミン 139
プルラナーゼ 44
プロテアーゼ 46
プロトプラスト 74, 78
プロホルモン変換酵素 137
プロモーター 48
分化全能性 67
分子進化 35
分子進化工学 37
分子標的薬 144

へ

並行複発酵 19
β-アミラーゼ 44
βラクタム抗菌薬 134
ベクター 53
ペクトリアーゼ 78
ヘテロ型乳酸発酵 13
ペニシリナーゼ 133
ベバシズマブ 144, 146
ペプチド結合 29
ベロ毒素 131
変異原性試験 131
ベンジルアミノプリン 74
べん毛 14

ほ

包括法 40
胞子 9
放射線 83
ホエー 23
保健機能食品 119, 126
補助食品 126
ホスホマイシン 135
ボッシュ 108
ホモ型乳酸発酵 12
ポリエチレングリコール 78, 143
ポリペプチド 29
ポリメラーゼ連鎖反応 35
翻訳後修飾 39

ま・め・も

マイクロインジェクション 59, 79
マイクロサテライト配列 49
メダカ 98
メタゲノム 34
メタン発酵法 106
メチシリン耐性黄色ブドウ球菌 133
メトレ 10
免疫グロブリン 142
免疫反応 86
メンデル 5
モノクローナル抗体 143

や

薬 71

ら・り・れ・ろ

らせん菌 12
ランダム変異法 36
リノール酸 89
リノレイン酸 89
リファンピシン 136
レポーター遺伝子 59
連結酵素 6
連結DNA 52
6-アミノペニシラン酸 134

わ

ワトソン 5

■編著者　　　　　　　　　　　　　　　　　　　　　　　　　〔執筆分担〕

高畑　京也（たかはた きょうや）　元長浜バイオ大学バイオサイエンス学部教授　　第1章1
蔡　　晃植（さい こうしょく）　長浜バイオ大学バイオサイエンス学部教授　　第5章2・4
齊藤　　修（さいとう おさむ）　長浜バイオ大学バイオサイエンス学部教授　　第6章4

■著者（五十音順）

今村　　綾（いまむら あや）　長浜バイオ大学バイオサイエンス学部講師　　第5章3
宇佐美昭二（うさみ しょうじ）　長浜バイオ大学バイオサイエンス学部教授　　第5章1
尾山　　廣（おやま ひろし）　摂南大学理工学部教授　　第10章
数岡　孝幸（かずおか たかゆき）　東京農業大学応用生物科学部醸造科学科准教授　　第3章
河内　浩行（かわち ひろゆき）　長浜バイオ大学バイオサイエンス学部准教授　　第6章2
佐々　壽浩（さっさ としひろ）　静岡英和学院短期大学部食物学科教授　　第4章1〜4
髙村　岳樹（たかむら たけじ）　神奈川工科大学工学部教授　　第7章2
田中　直子（たなか なおこ）　大妻女子大学家政学部教授　　第4章5
永井　信夫（ながい のぶお）　長浜バイオ大学バイオサイエンス学部教授　　第6章1
仲亀　誠司（なかがめ せいじ）　神奈川工科大学応用バイオ科学部准教授　　第7章1・3・4
中村　肇伸（なかむら としのぶ）　長浜バイオ大学バイオサイエンス学部准教授　　第11章
徳田　宏晴（とくだ ひろはる）　東京農業大学応用生物科学部醸造科学科教授　　第2章
殿山　泰弘（とのやま やすひろ）　慶應義塾大学先導研究センター特任助教　　第6章3
濱田　博喜（はまだ ひろき）　岡山理科大学理学部教授　　第8章
室伏　　誠（むろふし まこと）　元日本大学短期大学部食物栄養学科教授　　第1章2〜6
若生　　豊（わこう ゆたか）　八戸工業大学工学部名誉教授　　第9章

バイオテクノロジー入門

2016年（平成28年）4月10日 初版発行
2019年（令和元年）11月20日 第3刷発行

編著者　高畑　京也
　　　　蔡　　晃植
　　　　齊藤　　修

発行者　筑紫　和男

発行所　株式会社 建帛社　KENPAKUSHA

112-0011　東京都文京区千石4丁目2番15号
TEL　(03)3944-2611
FAX　(03)3946-4377
https://www.kenpakusha.co.jp/

ISBN 978-4-7679-4639-9 C3043　　あづま堂印刷／愛千製本所
© 高畑京也・蔡 晃植・齊藤 修ほか，2016.　　Printed in Japan
（定価はカバーに表示してあります）

本書の複製権・翻訳権・上映権・公衆送信権等は株式会社建帛社が保有します。
JCOPY ＜出版者著作権管理機構 委託出版物＞
本書の無断複製は著作権法上での例外を除き禁じられています。複製される場合は，そのつど事前に，出版者著作権管理機構（TEL 03-5244-5088，FAX 03-5244-5089，e-mail : info@jcopy.or.jp）の許諾を得てください。